野生食用

植物资源与健康营养

马国刚　著

知识产权出版社
全国百佳图书出版单位

内容提要

本书系统结合我国野生食用植物资源的分布及其功能、成分、特点，针对野生食用植物与人体免疫力、癌症和自由基、心血管疾病、抗疲劳等方面进行了论述；特别介绍了野生食用植物的营养成分、保健功效及其开发利用价值；重点介绍了枸杞、蓝莓、螺旋藻、绞股蓝、刺梨等的最新研究理论和功能开发技术。本书还对含有具有保健功能的活性成分、有希望开发成为保健食品的一些野生食用植物资源作了重点介绍。

本书对实现资源的合理利用、促进食品技术进步、新产品开发、繁荣市场经济、提高人类的健康水平等具有一定的指导作用。本书可供从事植物资源、功能性食品等方面的研究、教学、生产、管理及对野生食用植物感兴趣的人员参考。

责任编辑：荆成恭

图书在版编目（CIP）数据

野生食用植物资源与健康营养／马国刚著．—北京：知识产权出版社，2011.5

ISBN 978-7-5130-0510-4

Ⅰ．①野… Ⅱ．①马… Ⅲ．①野生植物：食用植物—植物资源—中国②野生植物：食用植物—食品营养 Ⅳ．①Q949.9②R151.3

中国版本图书馆 CIP 数据核字（2011）第 065404 号

野生食用植物资源与健康营养

Yesheng Shiyong Zhiwu Ziyuan Yu Jiankang Yingyang

马国刚 著

出版发行：知识产权出版社

社 址：	北京市海淀区马甸南村1号	邮 编：	100088
网 址：	http://www.ipph.cn	邮 箱：	bjb@cnipr.com
发行电话：	010-82000860 转 8104/8102	传 真：	010-82005070/82000893
责编电话：	010-82000860 转 8341	责编邮箱：	jingchenggong@cnipr.com
印 刷：	北京中献拓方科技发展有限公司	经 销：	新华书店及相关销售网点
开 本：	880mm×1230mm 1/32	印 张：	6.875
版 次：	2011 年 5 月第 1 版	印 次：	2011 年 5 月第 1 次印刷
字 数：	172 千字	定 价：	28.00 元

ISBN 978-7-5130-0510-4/Q·009（3413）

枸杞

螺旋藻

黄芪

刺五加

绞股蓝

刺梨

沙棘

余甘子

黑加仑

蓝莓

白花蛇舌草

银杏

山楂

杜仲

苦荞

红景天

月见草

草苁蓉

五味子

酸枣

马齿苋

蒲公英

紫苏

金银花

目 录

概 述 1

第一章 野生食用植物与免疫力 7

第一节 枸杞 / 8
一、枸杞主要功能 / 9
二、枸杞免疫功能的病理、毒理研究 / 10
三、枸杞的开发前景 / 14
第二节 螺旋藻 / 16
一、螺旋藻的食用营养功能 / 16
二、螺旋藻的药理作用与生物学效应 / 18
三、螺旋藻的开发利用 / 28
第三节 黄芪 / 29
一、黄芪药食功效 / 29
一、黄芪药理作用研究 / 30
三、黄芪的开发利用 / 32

第四节　刺五加 / 34
一、刺五加营养成分及功能 / 34
二、刺五加的保健功能 / 36
三、刺五加开发利用前景 / 37
第五节　绞股蓝 / 39
一、绞股蓝功效成分 / 40
二、绞股蓝食药保健功能 / 41
三、绞股蓝的开发应用前景 / 46

第二章　野生食用植物与癌症和自由基 48

第一节　刺梨 / 51
一、刺梨食药价值 / 51
二、刺梨保健功效 / 52
三、刺梨开发前景 / 55
第二节　沙棘 / 57
一、沙棘的营养成分 / 58
二、沙棘的生物活性成分 / 59
三、沙棘神奇的保健作用 / 62
四、沙棘开发前景 / 66
第三节　余甘子 / 67
一、余甘子化学研究 / 68
二、余甘子药理研究 / 70
三、余甘子的综合保健价值 / 75

第四节　黑加仑 / 79
一、黑加仑的营养成分 / 80
二、黑加仑的保健作用 / 82
三、黑加仑的开发前景 / 83
第五节　蓝莓 / 85
一、蓝莓营养成分 / 86
二、蓝莓的保健功效 / 86
三、蓝莓应用价值 / 93
第六节　白花蛇舌草 / 94
一、白花蛇舌草营养成分 / 94
二、白花蛇舌草的保健作用 / 96
三、白花蛇舌草开发前景 / 98

第三章　野生食用植物与心脑血管疾病　100

第一节　银杏 / 102
一、银杏叶的食药保健功能 / 103
二、白果的食药保健功能 / 107
三、银杏的综合保健功能 / 108
四、银杏的开发利用前景 / 110
第二节　山楂 / 111
一、山楂营养成分 / 112
二、山楂的功能因子及其保健作用 / 113
三、山楂的医疗保健作用 / 116

四、山楂保健食品的开发利用 / 118
五、山楂开发利用前景展望 / 120
第三节 杜仲 / 123
一、杜仲营养成分 / 124
二、杜仲药理作用 / 127
三、杜仲在功能性食品中的应用 / 130
四、杜仲功能性食品开发前景 / 131
第四节 苦荞 / 133
一、苦荞麦的营养成分 / 133
二、苦荞麦的保健作用 / 138
三、苦荞麦的开发与利用 / 139

第四章 野生食用植物与抗疲劳 142

第一节 红景天 / 144
一、红景天的营养成分 / 145
二、红景天的药理作用 / 147
三、红景天的保健功效 / 149
四、红景天的研究开发前景 / 151
第二节 月见草 / 154
一、月见草的营养成分 / 154
二、月见草的保健功效 / 158
三、月见草研究方向及开发前景 / 161

第三节　草苁蓉 / 162
一、草苁蓉的化学成分 / 163
二、草苁蓉药理药效的研究 / 167
三、草苁蓉的开发利用 / 169
第四节　五味子 / 170
一、五味子的化学成分 / 171
二、五味子药理药效的研究 / 174
三、五味子的开发利用 / 176

第五章　其他野生食用植物资源 177

第一节　酸枣 / 178
一、酸枣的保健功效 / 180
二、酸枣的开发利用 / 181
第二节　马齿苋 / 182
一、马齿苋化学成分 / 182
二、马齿苋食疗保健作用 / 183
三、马齿苋的开发利用 / 184
第三节　蒲公英 / 186
一、蒲公英的营养成分 / 187
二、蒲公英食疗保健作用 / 187
三、蒲公英的开发利用 / 188
第四节　紫苏 / 190
一、紫苏的营养成分 / 190

二、紫苏的医疗保健功效 / 192
三、紫苏的开发利用 / 194
第五节 金银花 / 197
一、金银花的化学成分 / 198
二、金银花的功效 / 199
三、金银花现代药理研究 / 200
四、金银花保健品的开发利用 / 202

第六章 野生食用植物功能性食品开发 205

参考文献 211

概　述

21 世纪是人类追求健康、寻求幸福生活的世纪，在这个大的背景下应运而生的健康、营养产业面临着前所未有的机遇。

野生食用植物资源是指那些可直接被人类食用或其中含有的化合物经分离重组后可被人类食用的野生原料植物，这类野生植物具有维持和延续生命、调节改善生理机能、增进健康等功能。野生食用植物资源由于其种类繁多、数量庞大、分布广泛，不但风味独特，而且营养价值高，被现代人视为真正的无公害绿色食品，其保健和药用功效越来越引起世界的关注，成为学者们新一轮的研究热点。我国野生食用植物资源储量丰富，分布极广，但除少数被简单开发利用外，大多数尚处于待开发状态。适时而有效地开发利用野生食用植物资源，生产具有丰富营养及一定保健作用的绿色食品，对提高人民生活水平，满足国内外市场需求，发展当地经济均具有一定的意义。

一、野生食用植物的特点

1.种类繁多、数量庞大、分布广泛

我国已经发现并报道的可归入果树范围的植物有 1200 多种，其中野生果树占总量的 80% 以上。另外，我国常被采食的野菜也多达 700 种。以黑龙江省为例，有野菜 37 科 116 种，而蕨菜、薇菜、刺龙牙等 7 个主要种类的蕴藏量就达 2285 万 t，其中蕨菜约 81 万 t、猴腿菜 40 万 t、黄花菜 45 万 t。

2.天然无公害

野生食用植物多生长在山野、林边、树丛、道旁、岸边，自然生长，不受或少受农药、化肥等的污染，是真正的绿色食品。

3.具有独特风味

野生食用植物的形态各异，生长环境与栽培技术也不同，因此各有其不同的野味清香。而且有的野菜除鲜食外，还可以加工成干菜、腌酱菜以及罐头食品，食用时也可采用多种烹饪方法。

4.营养价值高

野生食用植物的营养成分有别于栽培植物，特别是维生素和无机盐含量较高，有的高出上百倍。在《中国野菜图谱》中所测定的 234 种野菜中，每 100g 鲜重含胡萝卜素高于 5mg 的有 88 种；维生素 C 含量高于 100mg 的有 80 种；含钙量在 200mg 以上的 有 43 种；铁的含量蕨菜为 67mg、紫苏为 23mg。又如，栽培枣的果实纵径为 3cm 以上，维生素 C 的含量多为 300 ~ 600mg（每 100g 鲜果肉），而其近缘的野生果树酸枣的纵径虽多在 2cm 以下，但维生素 C 含量多为 830 ~ 1170mg（每 100g 鲜果肉）。另外，有些野生食用植物还含有一般植物中所没有的维生素 D、E、B_6、B_{12}、K 等。

5.具有保健功能

许多野生食用植物含有具有保健功能的活性成分，有希望开发成为保健食品。

常见的有：

（1）具有清热功能。马兰（含黄酮苷）、马齿苋（左旋去甲肾上腺素、多巴胺等）、龙葵（茄边碱、茄解碱、茄微碱）、活血丹（挥发油）、野菊（挥发油）、蒲公英（肌醇、天门冬酰胺、苦味质、皂苷）、酸模（牡荆素、金丝桃苷、酒石酸）、小蓬草（挥发油）、荠菜（枯苷、贝索林苷、荠菜酸钾）等。

（2）具有化痰功能。桔梗（含桔梗皂苷 D，D2）、金银花（绿原酸和异绿原酸）、山杏（苦杏仁苷）、马蹄（荸荠英）、薄荷（薄荷油）、芥菜（芥子苷）、鼠曲草（挥发油、木犀草黄素、葡萄糖苷）等。

（3）强壮、增强免疫力功能。刺五加（含刺五加苷）、五味子（五味子素）、黄芪（黄芪皂苷、多种黄酮）、枸杞（枸杞多糖）、绞股蓝（绞股蓝皂苷）、大黄（多种蒽苷、游离醌衍生物、苯丁酮苷类等）、草苁蓉（草苁蓉碱、草苁蓉酮、草苁蓉苷）等。

（4）抗癌功能。刺梨（高含量维生素 C、维生素 P）、余甘子（超氧化物歧化酶）、螺旋藻（藻蓝蛋白、γ－亚麻酸）、黑加仑（亚硝胺阻断物质）、紫苏（紫苏醛、紫苏酮、紫苏醇）、蕺菜（挥发油有蕺菜碱、甲基正壬酮、月桂油烯）等。

（5）降血压、防治心脏病。沙棘（含维生素 C、维生素 E、胡萝卜素及多种矿物质）、马齿苋（ω－3 脂肪酸）、杜仲（松脂醇二葡萄糖苷）、山楂（黄酮类物质、三萜酸及 γ－氨基丁酸）。

（6）利尿消肿。地肤（含生物碱）、萍（环阿片甾醇）、马齿苋、活血丹等。

（7）抗疲劳功能。红景天（含红景天苷）、月见草（亚油酸，γ－亚麻酸）、松花粉、牛蒡等。

（8）利肠胃功能。藿香（含藿香精、藿香苷、异藿香苷）、微孔草（γ－亚麻酸）、旱金莲等。

二、开发利用现状与存在的问题

1.开发利用的现状

随着商品经济的发展和外贸出口的需要，我国野生食用植物的生产发展很快。如野菜的开发，由原来的农民自采自食转向农民采集，工厂收购加工，成批销售或出口。目前全国已建成几个野菜出口加工基地，如天津市的八仙菜加工厂、吉林省长白县 山珍食品厂、黑龙江省尚志市与日本合资兴建的山野菜加工厂等。野菜的采集、贮运和加工技术也明显得到提高，加工出的产品呈现多样化、高档化。目前我国野菜已有 10 余种出口到 20 多个国家和地区。我国野生果树资源的开发与利用也取得了不少的成果。野果作为营养功能性食品原料而广泛地应用于食品工业，并成为一项出口创汇产业。目前，我国在山葡萄、猕猴桃、山楂、沙棘、刺梨、黑加仑、酸枣、野杏仁等野果加工上已开发出了系列产品，如吉林通化山葡萄酒、黑龙江的黑加仑果汁和黑加仑酒、甘肃的中华猕猴桃酒、陕西的沙棘汁和沙棘汽酒、贵州的刺梨果汁、河南的山楂系列食品等，并受到国内外消费者的欢迎。此外，在野生食用植物资源开发方面，越来越多的野生果树不断被发现和开发利用，不仅为食品工业提供了新原料，也增加了栽培果树的种类。野果是生产无污染营养保健食品的重要原料。开发利用野果资源是调整我国食品结构的发展方向，对我国保健食品的发展起着重要作用，同时也是大有前途的创汇产业。目前，野生食用菌加工利用的主要品种有鸡枞菌、美味牛肝菌、松茸、蜜环菌、羊肚菌、柱状田头菇、阿魏菇等，主要产品品种有罐头、干制品、盐渍品、蜜饯、发酵饮料、糖浆、浸膏等。

2.存在的问题

（1）利用程度低，资源浪费严重。受认识和技术水平以及交通状况等限制，目前我国已规模开发的野生果树种类尚不足总数的10%，野生果树的综合利用率只有 1% 左右。在约 700 个种类的山野菜中，进行商品生产的只占 7%，而且开发工作也多局限在少数地区和山野菜的个别器官，产品的科技含量也普遍较低。在大量资源被闲置浪费的同时，还存在另一种人为的资源浪费，即由于资源归属不清，缺乏有效的制度和法规，致使一些需求量大、经济价值高的野生果树，如沙棘、刺梨等“抢收”、“抢青”现象十分严重；传统的野菜种类，如发菜、蕨菜、薇菜、紫萁在传统采集区也被过度采集，面临资源匮乏的问题。

（2）重开发轻保护，资源破坏严重。除了沙漠化和发展工农业造成的野生食用植物资源减少外，一些企业和个人为了谋取利益，常采取砍枝、砍树等竭泽而渔的掠夺式采收和开发方式，造成资源的严重破坏。

（3）生存条件恶劣，生产效率低下。由于长期的实生繁殖和自然变异，野生食用植物个体间差异很大，加之无人管护，导致产量、质量低而不稳，商品率和经济效益普遍较低。而这种现状反过来又影响了人们管护和开发的积极性。

（4）加工制品种类少、质量较差。由于科研落后于生产，我国野生食用植物的研究工作一直偏重于分类、植物化学、生物学特性等基础理论方面，而对于与产业化紧密相连的丰产栽培和深加工等实用技术的研究与推广工作则非常薄弱，远不能适应当前野生食用植物商品化和产业化开发的需要。如山野菜仍主要以干制、腌制加工为主，数量和质量得不到保证。而代表当代食品发展趋势的保健食品的开发和投入则更显不足。

三、结论

目前，野生食用植物需求量虽日益增加，但在某种程度上是人们的一种“猎奇”心理和追求时尚的行为。毫无疑问，野生食用植物是重要的膳食资源，值得大力开发。在野菜方面，中国园艺学会已将重视和加强野生蔬菜资源调查与开发工作，写进了我国蔬菜“十一五”科技发展规划咨询建议。但是，“猎奇”的心理倾向，将戕害野菜等野生食用植物在遗传育种学、植物生理学、民族植物学、植物文化学、营养学、医药学、生态学与植物地理学等多个学科领域独特的学术研究价值，将可能导致对野生食用植物食用安全性的忽视，十分不利于野生食用植物的科学开发与利用、不利于广大消费者的健康保障。因此，克服“猎奇”心理，树立科学的野生食用植物开发观，高度重视野生食用植物多学科方向的基础研究，是促进野生食用植物科学开发的根本和长期措施。

野生食用植物除可供蔬食和简单加工成各类食品的用途之外，多具有祛病强身的药用功能，或可用作饲料、绿肥、香料、鞣料、染料、木料等，还具有环境保护、生态或特色旅游的功能。尤其是利用一些野生食用植物中含有的药用成分，对其进行深度加工，生产系列保健食品，已成为野生食用植物开发利用的主流方向。美国、英国、匈牙利等国家用野苋菜提取优质蛋白，用于生产各种食品；日本早已开发了蒲公英系列保健食品。中国境内有不少野生食用植物资源可进行深加工开发利用，如贮藏量大、营养丰富的桃金娘、鱼腥草等，不仅可作野果或蔬菜食用，还可入药，具有滋补或消炎灭菌的药用功效。可以利用我国桃金娘、鱼腥草等资源优势，加工生产茶饮料、酒、糖果等系列保健食品和洗发水、洗面奶、营养霜等系列化妆品。

第一章　野生食用植物与免疫力

免疫力是人体自身的防御机制，是人体识别和消灭外来侵入的任何异物（病毒、细菌等），处理衰老、损伤、死亡、变性的自身细胞以及识别和处理体内突变细胞和病毒感染细胞的能力。各种原因使免疫系统不能正常发挥保护作用，在此情况下，极易招致细菌、病毒、真菌等感染，因此免疫力低下最直接的表现就是容易生病。因经常患病，加重了机体的消耗，所以一般有体质虚弱、营养不良、精神萎靡、疲乏无力、食欲降低、睡眠障碍等表现。

日常生活中影响免疫力的因素很多，但食物的因素尤为重要。它能通过增加击退外敌的免疫细胞的数量来提高免疫力。人体免疫系统所需要的主要营养物质有：蛋白质、维生素和无机盐。因为蛋白质、多肽和氨基酸是合成免疫球蛋白的主要原料，维生素A是人体免疫力系统建设的主力军。所以，我们不但要保持非特异性免疫力，而且要紧急提升特异性免疫力，诱发干扰素的产生，提高白细胞活力。

据营养免疫学家研究，野生食用植物有三大功能：一是调节内分泌功能，从而稳定免疫系统；二是有自然清除功效，可以清除潜入人体内的有害物，保护免疫系统；三是提供维生素、矿物质以及其他特殊养分，改善营养免疫系统。下面对一些代表性的野生食用植物资源进行介绍。

第一节 枸杞

枸杞是我国传统的名贵中药材，素有“红宝”美称。枸杞是茄科枸杞属（Lycium）多分枝灌木植物。明李时珍《本草纲目》记载：“春采枸杞叶，名天精草；夏采花，名长生草；秋采子，名枸杞；冬采根，名地骨皮。”枸杞为灌木或大灌木，生于沟岸及山坡或灌溉地埂和水渠边等处，野生和栽培均有，分布于华北、西北等地区，其他地区也有栽培。

现代医学研究表明，它含有胡萝卜素、甜菜碱、维生素A、维生素 B_1、维生素 B_2、维生素 C 和钙、磷、铁等，具有增加白细胞活性、促进肝细胞新生的药理作用，还可降血压、降血糖、降血脂。何进、张声华在《枸杞及枸杞多糖》研究报告中论述道：枸杞（Fructus Lycii）是我国传统的名贵中药材，具有补肾养肝，润肺明目等功效，因而一直受到中外医学家与食疗专家的高度重视。

本世纪初就开始了枸杞的药理与成分的研究，近年来又发现枸杞具有调节机体免疫力，抑制肿瘤生长和细胞突变，延缓衰老及抗脂肪肝等方面的药理作用。对于枸杞的上述功能起重要作用的因子，一般认为与枸杞中存在的枸杞多糖、β-胡萝卜素、甜菜碱、东莨菪素等化学成分有关。其中有关枸杞多糖的化学、药理与临床研究十分引人瞩目，已有不少研究报道枸杞多糖具有增强免疫力、抗癌、防衰老、增加造血功能、防止遗传损伤等作用。

枸杞多糖是从枸杞中提取而得的一种水溶性多糖。已明确该多糖系蛋白多糖，由阿拉伯糖、葡萄糖、半乳糖、甘露糖、木糖、鼠李糖 6 种单糖成分组成。研究表明，枸杞多糖是枸杞调节免疫、延缓衰老的主要活性成分，可改善老年人易疲劳、食欲不振和视力模糊等症状，并具有降血脂、抗脂肪肝、抗衰老等作用。鉴于枸杞多糖的分离、纯化困难，有关结构性质方面的研究报道甚少，枸杞多糖的生理活性，还必须从分离纯化、结构特征及药理作用三方面展开深入研究。

通过研究发现，枸杞鲜果、枸杞汁及速溶饮料的化学成分有以下特点：营养成分丰富，碳水化合物、脂类、蛋白质含量高，富含维生素 B_1、B_2 及维生素 C，其中β-胡萝卜素的含量之高在生物体内罕见，有益的矿质元素 Ca、Fe、Zn 等含量丰富。

一、枸杞主要功能

1.增强非特异性免疫

有研究证明小鼠灌服枸杞水提取物或肌注醇提取物和枸杞多糖，均有提高巨噬细胞的吞噬功能，增强血清溶菌酶的作用，提高血清中抗绵羊红细胞抗体的效价，还能增加鼠脾脏中抗绵羊红细胞的抗体形成细胞的数量。

2.延缓衰老

有报道枸杞提取液0.5mg/kg小鼠灌胃，共20日可明显抑制肝脂质过氧化物（LPO）生成，并使血中谷肽苷肽过氧化物酶（GSH–Px）活力和红细胞超氧化物歧化酶（SOD）活力提高；人体试验显示可明显抑制血清脂质过氧化物（LPO）生成，使血中GSH–Px活力增高，但红细胞SOD活力未见升高，提示枸杞提取液具有延缓衰老作用。

3.抗肝损伤

有研究证明枸杞中的甜菜碱盐能使大鼠血清和肝内的磷脂明显增加，对长期给予四氯化碳所致的大鼠磷脂下降及胆固醇升高具有明显的保护作用，水溶性提取物亦有类似作用，但稍弱。

4.降血糖

枸杞提取物可显著而持久降低大鼠血糖，增加糖耐量，且毒性较小。另外，还有抗肿瘤、促进造血功能等作用。

二、枸杞免疫功能的病理、毒理研究

下面就一些学者的研究做具体说明。

1.免疫调节

近年来对枸杞功效的研究，主要反映在它对免疫系统的生物调节方面。随着对肾本质研究的深入，科学家们发现，补肾能明显提高神经、内分泌和免疫系统的整体的调节效应（其整合中枢是在下丘脑），所以认为补肾在于调节下丘脑功能。枸杞有增强细胞免疫的功能，枸杞中含有的枸杞多糖是促进免疫功能的有效成分。枸杞多糖可以激活T淋巴细胞和B淋巴细胞，以增强细胞免疫为主，同时也能增强体液免疫功能。经进一步的研究发现，枸杞多糖对T淋巴细胞具有较强选择性免疫效应，低剂量可促进T淋巴细胞的转化反应，而高剂量则抑制T淋巴细胞的转化，故可认为枸杞多糖具有免疫及生物双向调节的作用。

对枸杞作用的现代研究，开拓了它在临床的应用范围，如恶性肿瘤、血液系统疾病、心血管疾病、肾脏疾病、风湿性疾病、呼吸系统疾病等与免疫有关的疾病，均可用枸杞来调治。

2.延年益寿

现代药理研究表明，枸杞具有一定的清除自由基、抑制脂质过氧化的能力，可延长实验动物的平均寿命。

有人试验，给予老年人枸杞提取物每次50 mg，每日2次口服，4周为一疗程，连服2个疗程后，老年人的免疫功能有明显提高。

依据细胞寿命学说，通过试验证实枸杞有较明显的延寿作用。

3.提高呼吸道抗病能力

枸杞具有滋肾、润肺、生津的功效。现代医学认为，枸杞润肺的作用机制与它能提高呼吸系统的免疫功能有关，从而能增强机体防御呼吸道疾病的能力。

免疫学专家认为，枸杞的免疫增强作用与其所含的枸杞多糖有关。动物实验证明枸杞多糖能增加动物血清溶菌酶的活性及抗体的形成，枸杞多糖还能促进老龄小鼠T淋巴细胞的增殖，提高其免疫功能。研究发现，枸杞多糖的这种免疫增强作用与其影响白细胞介素的活性有关。

4.提高视力

根据测定，每100g宁夏枸杞鲜果中胡萝卜素的含量为19.61mg，是所有植物性食品中含量较高的。胡萝卜素可在人体内转变为维生素A。维生素A能促进视网膜内视紫质的合成与再生，维持正常视力。枸杞的明目作用可能与此有关。

枸杞的这种明目功用，现在已被广泛地应用于近视眼、远视眼、糖尿病眼病、白内障、青光眼、眼底出血等各种眼病的治疗。按中医辩证施治的原则，凡有肝肾不足病症表现者，服用枸杞最为适宜。

5.提高记忆力

实验证实，枸杞对实验性动物学习记忆具有保护作用，并能对抗理化因素所致的记忆损害。研究表明，具有促智作用的中药多为补肾填精药。

枸杞能用来提高智力，增强记忆力，改善睡眠，常用于治疗神经衰弱、老年性痴呆、血管性痴呆等，对于脑震荡后遗症、儿童智力低下、小儿多动症的防治亦有一定的效果。

6.提高造血功能

枸杞多糖是枸杞中的有效成分，可以明显增加骨髓中造血细胞的数量并促进其分化成熟。

枸杞能提高造血功能，与它具有生物反应双向调节的作用有关。枸杞多糖低剂量可提高脾T淋巴细胞转化反应，高剂量则具有抑制转化的作用。白细胞介素–3主要来源于激活的T淋巴细胞，主要作用为促进多种造血干细胞的增殖和分化，刺激血细胞的产生，是一种重要的广谱造血生长因子。低浓度枸杞多糖可促进白细胞介素–3的分泌，高浓度则降低白细胞介素–3的水平，表明枸杞多糖对调节白细胞介素–3的分泌也呈双向作用。

此外，枸杞还可产生和诱导全血培养细胞分泌白细胞介素–6，参与机体造血及增加血小板的数量。

7.降血糖

动物实验发现，宁夏枸杞提取物可使大鼠的血糖持续降低，糖耐量显著增高。

有人将枸杞蒸熟，按每日 2 次，每次 10g 的剂量嚼服，发现对轻型糖尿病有一定疗效。

8.提高性及生殖功能

现代研究证实，每日服用枸杞 50g，连续 10 日可使男性血中睾酮含量显著升高；同时，它能促进妇女排卵，增强性功能，提高生殖能力，对各种不育、不孕症均有疗效。

有资料记载，每日用枸杞 15g，于临睡前嚼碎咽下，连服 1 个月为一疗程，以此治疗 42 例男性不育症患者，服完 1 个疗程后，精液常规转为正常者有 23 例，2 年后随访精液转为正常的均已有后代。

9.抗肿瘤

枸杞抗肿瘤的作用是多方面的。枸杞具有抗基因突变的功能；有抑瘤功能；能促进白细胞介素 -2 的产生，从而具抗癌作用；具有放射增敏效应；配合化疗，扶正抑瘤；枸杞能增强机体免疫功能，促进骨髓造血功能，促进核酸和蛋白质生物合成，调节垂体、肾上腺皮质功能。

枸杞对恶性肿瘤的防治作用，主要是通过抗突变、直接抑瘤、放射增敏、扶正抑瘤等途径取得。

三、枸杞的开发前景

枸杞是药食同源的植物，是中草药的重要原料，具有较高的营养价值和生理保健功能。枸杞活性成分的研究是目前的热点之一。

枸杞多糖作为天然植物多糖，无论在临床应用还是保健类食品的开发方面都具有广阔的市场前景。

近几年，临床医学对枸杞活性物质（枸杞多糖、枸杞籽油）的药理作用进行了大量的研究，枸杞多糖是枸杞中的主要活性成分。临床医学研究表明，枸杞多糖不仅能增强人体的免疫能力，调节人体的免疫功能，还具有降血糖、降血脂、保护肝脏、抗衰老和抗肿瘤等作用；枸杞籽油是一种营养价值和经济价值都很高的植物油，广泛应用于食品添加剂、饮料营养补充剂、医药和化妆品等行业。对枸杞籽油中的其他成分如甾醇、皂苷、生物碱等药效作用的研究还较少，因此对于枸杞籽油的研究开发具有广阔的前景；枸杞色素安全性好，同时兼有营养与药理作用，可作为食品色素和营养强化剂，广泛用于食品行业、饮料加工业、医疗保健业和化妆品中。随着人们对枸杞色素的功效成分及营养保健功能的认识，对于枸杞色素药效成分的研究以及从中提取β–胡萝卜素的方法的研究将成为今后枸杞研究的一个重点。

随着国际市场对我国中草药保健功能认可程度的不断提升，枸杞作为药食兼用的中草药资源备受国内外学者的瞩目。随着高新技术的发展及其在各个领域中的不断渗透，采用高新技术提取枸杞活性功效成分，将会研制更多适合老少皆宜的枸杞保健功能性食品。

枸杞是一种值得大众多吃的保健食品，能滋阴明目补肾健体，常服枸杞可以强壮筋骨医治风湿痛，又可改善血液循环，提高身体适应力。而且枸杞最为人所乐道的疗效，在其养颜之功，常服有美白皮肤的效果，明目安神，甚至被认为可令人长寿轻身。

枸杞味苦性寒，有凉血的功效，若有肺热咳嗽甚至痰中带血，枸杞煮汤服下可起治疗作用。如果有牙出血的情况，也可用枸杞煎汤来漱口以止牙血。对于一些慢性疾病，例如肺痨所引起的阴虚情况，病征包括半夜入睡时出盗汗、五心烦热（即是指手心、脚心及胸口五处地方出现发热的情况），枸杞煮汤是可以起到一定疗效。

（1）零食：一般超市中卖的杞子是枸杞果实的干制品。杞子以宁夏出产的质量最好，又红又大，可以买来当零食。即把洗净的枸杞放在蒸锅里蒸数分钟或用微波炉烘烤数秒（时间不要长，以免烤焦），每日早晚直接嚼服 。

（2）药酒：用枸杞泡酒喝有增强细胞免疫力的作用，能促进造血功能，还能抗衰老、保肝及降血糖，并对于视力减退，头晕眼花均能起到一定疗效。即枸杞可浸泡于黄酒或白酒内，七天后即可服用。

（3）煮粥或蒸米饭：在煮粥或蒸米饭时，待水开后，将洗净的枸杞放入，煮熟后即可食用，色、香、味非常独特。

（4）煲汤、炖肉：煲汤、炖肉时如加适量枸杞，既增加了色、香、味，又起到了食补的作用。

第二节 螺旋藻

螺旋藻是一类低等植物，属于蓝藻门，颤藻科。它们与细菌一样，细胞内没有真正的细胞核，所以又称蓝细菌。蓝藻的细胞结构原始，且非常简单，是地球上最早出现的光合生物，在这个星球上已生存了 35 亿年。它生长于热带和亚热带的碱性盐湖中，在显微镜下可见其形态为螺旋丝状，故而得名。丽江程海湖是世界三大出产天然螺旋藻的地区之一，也是中国唯一出产天然螺旋藻的地区，此外国内各地区的螺旋藻都是人工养殖的，而且生产的质量也参差不齐。螺旋藻因其营养均衡全面而风行世界，成为最佳的保健食品。

一、螺旋藻的食用营养功能

1.蛋白质

近几十年来，科学家发现螺旋藻是人类迄今为止所发现的最优秀的纯天然蛋白质食品源，蛋白质含量高达60%～70%，相当于小麦的6倍，猪肉的4倍，鱼肉的3倍，鸡蛋的5倍，干酪的2.7倍，且消化吸收率高达95%以上。其特有的藻蓝蛋白，能够提高淋巴细胞活性，增强人体免疫力，因此对胃肠疾病及肝病患者康复具有特殊意义。

2.维生素及矿物质

螺旋藻中维生素及矿物质含量极为丰富，包括维生素B_1、B_2、B_6、B_{12}、E、K等，并含锌、铁、钾、钙、镁、磷、硒、碘等微量元素，其生物锌、铁比例基本与人体生理需要一致，最容易被人体吸收，能快速改善小孩厌食症，提高食欲。其类胡萝卜素含量是胡萝卜的15倍，维生素 B_{12} 含量是猪肝的4倍，铁含量是菠菜的23倍，是铁含量最丰富的食物，因此，螺旋藻对防治贫血有积极意义。

3.其他功能性成分

螺旋藻含有大量的γ－亚麻酸，这是一种人体必需的不饱和脂肪酸，是健脑益智、清除血脂、调节血压、降低胆固醇的理想物质。螺旋藻中的螺旋藻多糖具有抗辐射损伤和改善放、化疗引起的副反应的作用，因此对肿瘤患者是食疗佳品。螺旋藻中叶绿素含量极为丰富，是普通蔬菜含量的10倍以上，对促进人体消化，中和血液中毒素及改善过敏体质，消除内脏炎症等都有积极作用。螺旋藻中脂肪含量只有5%，且不含胆固醇，可使人体在补充必要蛋白时避免摄入过多热量。经国内外大量科研试验证明，螺旋藻在降低胆固醇和血脂，抗癌，减肥，养胃护胃，治疗贫血及微量元素缺乏，护肝，增进免疫，调整代谢机能等方面都有积极作用，被联合国粮农组织和联合国世界食品协会推荐为“21世纪最理想的食品”。

二、螺旋藻的药理作用与生物学效应

综合国内外科学家的研究结果，螺旋藻的药理作用与生物学效应主要有如下几方面：

1.螺旋藻降低胆固醇

现在，美国人已经清楚地意识到，为了预防致命的心脏病和中风发作，降低胆固醇是十分必要的。除改进饮食习惯外，人们正着手寻找有降低胆固醇作用的天然食物，如鱼油及燕麦。

螺旋藻就是这样一种食品。在日本，有 30 名高胆固醇、轻微高血压和高血脂的男性，在食用螺旋藻 8 周后，他们的血清中胆固醇、三酸甘油和多余的脂肪都有所降低。这些人除增加食用螺旋藻之外，并没有改变日常饮食。

A 组每天服用 4.2g 螺旋藻（大约 8 片），疗程为 8 周，血清胆固醇在 4 周内大幅度降低，从 244 降到 233，降低了 4.5%。B 组食用 4 周后停止，血清胆固醇有所下降，但很快又恢复到原来的水平。研究人员还发现，三酸甘油脂降低很小，多余脂肪胆固醇在 4 周内有大幅度下降，下降了 6.1%。这种血清胆固醇的降低在高胆固醇人身上表现得更为明显。

东京大学科学系的研究结果表明，螺旋藻有降低血清胆固醇的作用，改善血管动脉硬化程度，从而对缓解心脏病有令人满意的效果，而且未发现任何副作用，这项研究没有分析出螺旋藻如何会降低胆固醇。

以前，西德的研究人员在研究螺旋藻时已经发现，在减少体重的同时，胆固醇会随之降低。日本学者的研究揭示出，在体重没有减少的情况下，可以降低胆固醇，从而推测出胆固醇的降低与体重增减没有关系。至于选择螺旋藻是因为以前的老鼠试验中证明螺旋藻有降低血清胆固醇的作用。

螺旋藻之所以能够降低胆固醇，在一定程度上是由于它大量含有一种不寻常的必需脂肪酸—— γ－亚麻酸。许多研究都证明，多吃鱼可以降低胆固醇，因为这些必需脂肪酸就是由于鱼吃了像螺旋藻之类的微藻而被鱼吸收的。

2. β－胡萝卜素可防治癌症

在美国，癌症是死亡率最高的两种疾病之一。癌症发病率的增加是由于一些环境因素及饮食方面因素引起的。科学家已经研究了能降低癌症发病率的食物及其他物质。β－胡萝卜素就是一种皆为人知的天然防癌物质。大约在 12 年前，美国的全美癌症研究所的癌症防治专家和许多研究报告都已证明，多吃富含 β－胡萝卜素的蔬菜可以防治各种癌症。

β－胡萝卜素是人体所必需的维生素 A 的主要来源。在人体中，β－胡萝卜素转化为维生素 A，以满足人体需要。虽然大剂量维生素 A 的吸收会引起中毒，但是通过食用天然食物而吸收大量 β－胡萝卜素是安全的，像螺旋藻的 β－胡萝卜素含量是其他食品（包括胡萝卜）的 10 倍以上。100 多例动物试验证明，维生素 A 和 β－胡萝卜素可以抑制各种癌症和肿瘤的发展。许多人体流行病学的研究表明，吸收大量维生素 A 可以防治癌症，更深入的研究工作发现，起作用的是 β－胡萝卜素而不是动物食品中的维生素 A。

1975 ~ 1986 年，至少有 15 项研究报告揭示了 β－胡萝卜素和维生素 A 可降低肺癌的发病率。有一项研究指出，吸烟之所以容易导致肺癌，不仅是因为烟中有致癌物质，而且还由于人们在吸烟时，抑制了 β－胡萝卜素的作用。血清中的 β－胡萝卜素和维生素

A 含量越少，肺癌的发病率越高。在 1974 ~ 1986 年的 9 项研究表明，β – 胡萝卜素和维生素 A 可以防治消化道癌（口腔癌、胃癌、结肠癌）。有两项研究表明，它可以防治妇女的乳腺癌和子宫癌。在 1982 年，美国国家研究院出版了著名的专著《饮食、营养、癌症》，书中评论了这方面非常重要的报道，概括总结就是：“大量事实充分证明”胡萝卜素和维生素 A 含量高的食物有防治癌症的作用。并且推荐一些 β – 胡萝卜素含量高的蔬菜作为防癌食品。

β – 胡萝卜素不仅是维生素 A 的来源，而且它还有维生素 A 所没有的一些功能。β – 胡萝卜素可降低肺癌发病率，防止动物化学诱导的肿瘤，防止癌症前期的染色体损伤，增强免疫能力。

β – 胡萝卜素是最有效抑制自由基活性的物质之一，这种自由基损伤细胞从而导致癌症。自由基是失去一个电子的分子集团。过多的自由基是由于环境污染、有毒的化学物质、药品、机械或精神上的打击等引起的。β – 胡萝卜素则抑制了自由基在人体内的活性。

掌握了充分的资料后，全美癌症研究所于 1982 年在世界范围内搞了 23 项“干涉研究”。参加者通过服用或不服用 β – 胡萝卜素证实 β – 胡萝卜素的高吸收和癌症的低发病率之间的因果关系。最著名的要算 Henneken Harvard 医学院的研究，这项研究的试验对象是 2200 名男医生。在五年内，有一半医生每隔一天服用 50mg β – 胡萝卜素，另一半不服用。研究结束时，再比较这些医生的癌症发病率。

1987 年，以色列的一项研究表明，天然的 β – 胡萝卜素比合成 β – 胡萝卜素更有效。由于天然 β – 胡萝卜素中含有 9– 顺式类胡萝卜素的同分异构体，因此它更容易被人体吸收。而合成胡萝卜素分子中缺乏这种物质。这说明藻类和绿色多叶蔬菜中的 β – 胡萝卜素比合成的 β – 胡 萝卜素有更好的抗氧化作用。

由于螺旋藻富含β－胡萝卜素，因此被作为防癌物质进行试验。哈佛大学的口腔医学院进行了β－胡萝卜素和螺旋藻的提取物杀死口腔癌细胞的实验。通过服用β－胡萝卜素，仓鼠口腔恶性肿瘤的数量和大小都有所减少，有的甚至完全消失了。

在第二步试验中，给 20 只患口腔癌的仓鼠喂食螺旋藻β－胡萝卜素，没有一只仓鼠病情恶化；相反，20 只没有接受这种藻类提取物治疗的仓鼠的口腔癌都已恶化。从喂食螺旋藻的仓鼠的动物组织样品中发现一种免疫刺激物，这种物质可以在癌细胞增殖前杀死癌细胞。

通过以上研究，可以清楚地发现β－胡萝卜素和防治癌症之间的关系。因此，对那些吃不到充足的蔬菜的人，在饮食中通过加入螺旋藻则可以增加大量的β－胡萝卜素这种防癌物质。

3.螺旋藻可强化肠道乳酸杆菌

肠内的乳酸杆菌对人体有三大益处：更好地消化和吸收、防止传染病和增强免疫系统功能。鉴于这些作用，许多人都食用有助于强化乳酸杆菌的营养品，而螺旋藻正是这样一种营养品。

日本的一项研究表明，喂食螺旋藻的老鼠体内的乳酸杆菌比没有喂食的对照组高 3 倍，在 100 天中，给老鼠食物中加入 5% 的螺旋藻，发现以下现象：

（1）盲肠重量增加 13%；

（2）乳酸杆菌增多 327%；

（3）盲肠内维生素 B_1 增加 43%。

但是螺旋藻只含有限的维生素 B_1，说明也促进 B_1 的全面吸收。这项研究说明人类食用螺旋藻可以增加体内乳酸杆菌，因而促进对食物中维生素 B_1 和其他维生素的吸收。

所有这些功能对防治艾滋病有很大作用。一些艾滋病的研究人员认为，在肠内不能对营养进行吸收（吸收障碍或营养不良）可导致严重的免疫功能衰退。更为严重的是，乳酸杆菌的缺乏会引起多种感染。在艾滋病患者体内，营养吸收障碍伴发“机会感染”则会导致艾滋病的后期病变。因而有人提出防治艾滋病最有效的战略就是补充营养、治疗吸收障碍和补充乳酸杆菌（以保持肠内基本的微生物体系和防止感染）。

4.螺旋藻可以缓解汞和药物对肾脏的损害

肾对于消除人体内的毒素起着重要的作用。现在已经发现重金属和许多药物对肾有损害。科学家正致力于寻找能够消除重金属或药物对肾所产生有害的毒副作用的物质。

日本的一项对大鼠的实验表明，螺旋藻可以缓解汞和3种药物对肾的毒害。研究人员检测了肾毒的两个指标—血尿氮和血清肌酸苷，发现当在大鼠食物中加入30%螺旋藻可以大大降低血尿氮和血清肌酸苷的含量。

当大鼠被注射无机汞含量高的药剂后发现，血尿氮上升31%，血清肌酸苷上升了198%。通过螺旋藻治疗，血尿氮下降了209%，血清肌酸苷下降157%。当给老鼠喂食3种常用药物：泛氨基酚（一种止痛药）、庆大毒素、顷二氯二氨铂（一种抗癌物），也发现同样现象。在所有试验对象中，食物中混有螺旋藻起到了大大降低血尿氮和血清肌酸苷含量的作用，并且在两个试验中血清肌酸苷含量降为正常水平。这项研究表明，螺旋藻对于治疗重金属中毒有很好的效果，同样表明由于服用药物而对肾脏形成的副作用得到缓解。这也就是解决了许多药物因为副作用而被迫减少用量从而延长了康复时间的问题。下一步的研究是解释螺旋藻是如何起解毒作用的。现在有些研究人员推测藻蓝蛋白是活跃的成分。无论如何，这项肾脏解毒作用的研究为揭示人们在饮食中如何缓解毒素提供了一种研究方法。

5. γ－亚麻酸和前列腺激素

目前，许多研究都着眼于研究必需脂肪酸对于人体健康所起的重要作用。美国人的食物富含饱和脂肪，这会抑制人体内必需脂肪酸的作用从而导致许多疾病。

γ－亚麻酸这种必需脂肪酸是人体前列腺素的前身，用来控制人体许多基本的功能，包括调节血压、合成胆固醇。亚油酸首先在6–6一脱氢酶的作用下转化为γ–亚麻酸，然后转化为前列腺素，饮食中的饱和脂肪、酒和其他一些因素会抑制6–6一脱氢酶的活性，从而导致γ－亚麻酸缺乏以致阻碍前列腺素的形成。

大量的研究表明，γ－亚麻酸及前列腺素的缺乏会引起早衰和其他健康问题。临床研究表明，食物中加入γ－亚麻酸有助于关节炎、心脏病、肥胖症和缺锌症的治疗，酒精中毒、抑郁症、衰老症和精神分裂症都与γ－亚麻酸的缺乏有一定关系。食物中的γ－亚麻酸对于心脏病、经痛、肥胖症和酒精中毒有很好的治疗作用。在西班牙，含有γ－亚麻酸的螺旋藻和月见草油被当作治疗很多慢性病的良药。

含γ－亚麻酸的东西不多，能够直接当作食物的只有两种：人奶和螺旋藻，另外就是月见草、茶蔗子和琉璃苣种子的提取物。10g的螺旋藻中含有100多mg的γ－亚麻酸（相当于两粒月见草油），螺旋藻中大约有5%必需脂肪酸或类脂，其中20%是γ－亚麻酸，而月见草中仅含有9%的γ－亚麻酸，可见螺旋藻中γ－亚麻酸的含量特别高。

6.藻蓝蛋白对免疫系统的作用

对于促进免疫系统防治癌症有很大作用的天然物要数蓝绿藻，在蓝绿藻（如螺旋藻）中发现了一种非同寻常的物质，这就是一种天然蓝蛋白色素——藻蓝蛋白。

在日本的一项实验中，用提取的藻蓝蛋白喂养有肝癌的大鼠发现，经过藻蓝蛋白治疗的大鼠成活率比对照组高得多，在 5 周后，治疗组大鼠有 90% 活下来，而未治疗组只成活 25%，8 周后，治疗组有 25% 的大鼠活下来，未治疗组的大鼠都死了。这说明口服藻蓝蛋白可以提高患有癌症的生物的成活率。

在另一项研究中，2 周后经藻蓝蛋白治疗组的白血球（淋巴活性）比对照组高很多，并且不少于没有患癌症组的白血球，这说明藻蓝蛋白有促进淋巴系统功能的作用。

淋巴系统的基本功能是维持体内器官的正常并且防治癌症、溃疡、血栓和其他一些疾病。可以看出，藻蓝蛋白不仅是局部的抵御癌症，而且可以通过淋巴系统全面提高机体的抵抗力。藻蓝蛋白可以全面提高免疫力，防治器官的衰老。

日本的一项专利说，每天服用少量的藻蓝蛋白可以保持和促进正常控制细胞的功能，从而阻止恶性肿瘤的增殖而防止复发。这项专利建议每天服用 0.25 ~ 2.5g 的藻蓝蛋白。

加利福尼亚的一个农场和泰国的一家公司生产的螺旋藻中藻蓝蛋白的含量特别高，是总重量的 15% 以上，这意味着成人每天吃 1.7 ~ 17g 螺旋藻可以满足上述专利的要求，就是说每天吃大约 10g 螺旋藻。

7.在蓝绿藻中发现抗癌物质和防治艾滋病病毒的硫脂

全美癌症研究所正在寻找世界上有防癌作用的天然植物。例如：著名的马达加斯加雨林中长春花就是一种治疗癌症的植物，科学家们在找遍陆地后，把注意力转向海洋。

全美癌症研究所的科学家们已经逐一研究了18000种海洋生物的提取物，以找出能防治肿瘤、病毒、真菌和促进免疫系统功能的物质。他们已经在海鞘、软珊瑚和海绵中发现了一些有潜在的药用价值的生物。

在1986年，全美癌症研究所开始对数千种蓝绿藻进行了研究，以寻找防治艾滋病病毒和100种癌症的物质。3年后，该所宣布已经在蓝绿藻中找到了对艾滋病病毒有明显作用的化学物质。这些化学物质就是蓝绿藻的藻胆体中的含硫脂蛋白。研究所对进一步的试验研究给予优先支持，并且开始进行动物试验。全美癌症研究所强调说，这项包括人体实验的大型研究计划只有在含硫脂蛋白可以大量提取的情况下才能正式实施。

这些科学家进一步推测说，如果硫脂被证明是一种对艾滋病有效的药物，那么如果与目前所用的药物配合使用，将有更好的安全性和更显著的疗效。

科学家曾研究了许多种蓝绿藻的提取物，发现螺旋藻含有糖脂和硫脂，它含有5%以上的脂类，其中40%是糖脂，2%~5%是硫脂。螺旋藻和其他蓝绿藻可以通过人工培养来提高脂类的含量，也可能会提高硫脂的含量，这意味着蓝绿藻可能很快进行大量培养用来提取有效的抗癌和抗艾滋病的物质。

8.高铁的生物利用和治疗贫血症

人体内缺铁是世界范围内一个普遍问题。缺铁性贫血症在妇女、儿童、老人，特别是减肥节食的妇女中是非常普遍的。铁对于维持红血球正常发挥作用和促进免疫系统功能有着重要作用。但是一般食品中的铁并不能被人体有效吸收。能够被人体利用的铁量，即铁的生物利用率，是评价食物中铁的有效性的重要问题。

众所周知，螺旋藻中铁的含量是很高的，因此进行了用它代替硫酸铁的实验。用螺旋藻喂养的大鼠比用硫酸铁喂养的大鼠对铁的吸收量高 60%。这说明螺旋藻中有高含量的有效铁元素。更早的试验也说明螺旋藻对大鼠贫血症有很好的疗效。

在日本，研究人员对 8 名年轻妇女做了一项试验。这些妇女都是为保持体形而节食并且都有低血色素贫血症，血红蛋白含量低于正常水平，她们每次饭后吃 4g 螺旋藻，30 天后血红蛋白含量由 10.9 增加到 13.2，增加了 21%，达到正常水平，终于摆脱了令人苦恼的贫血症。

通过在养殖池塘中添加无机盐可以提高螺旋藻中铁和微量元素的含量。在美国一个农场中，通过这种方法使螺旋藻每 10g 中含有 15mg 的铁元素，是妇女推荐饮食铁量的 80%。

9.作为营养不良儿童的食物和治疗营养缺乏症

从一开始，螺旋藻就被作为营养不良者的良好食物，并且由于它可以提供维生素和矿物质，因而对营养不良有很好的疗效。每天只需服用 10g 就可以使营养不良的人很快康复，特别是对婴儿有更好的疗效。

在墨西哥，给营养不良的儿童或成人吃螺旋藻，都取得了很好的疗效。而且在食物中加入 10% 以上的螺旋藻没有发现任何副作用。在多哥一个偏僻的村庄诊所，用螺旋藻使营养不良的婴儿很快恢复健康。孩子的食物是小米、水和调料，并加入 10 ~ 15g 螺旋藻，这些儿童在几周后就恢复健康。

在罗马尼亚的布加勒斯特市立医院，给 21 名营养缺乏病人服用螺旋藻药片。这些病人都已是体重大大下降，并且伴发有慢性胰腺炎、类风湿性关节炎、贫血、糖尿病和其他症状。通过螺旋藻的治疗使他们的体重回升并且健康状况也有所好转。

在中国的南京儿童医院，以螺旋藻及烧烤的大麦芽作“儿童营养处方”。在 30 名 2 ~ 6 岁的儿童中，有 27 人很快地治好了厌食、夜里出汗、腹泻和便秘。临床研究人员认为，螺旋藻是一种真正的儿童食品。

10.降低体重

尽管许多人声称饭前食用螺旋藻可以减少饮食量，但直到 1986 年，西德的研究人员才首次进行临床研究来证明这种让人半信半疑的说法。

研究人员通过 15 名志愿者进行研究螺旋藻的减肥功能及产生的副作用的试验。这些志愿者都是正在进行减肥的人，他们在 4 周内每天饭前服用螺旋藻药片，然后又在 4 周内服用不含螺旋藻的对照药片，两次试验间隔为 2 周。

这是一项随机性的试验。在与对照期比较后表明，服用 4 周每日 3 次 2.8g（大约 6 片）的螺旋藻使体重有不太明显的降低，平均下降 1.4kg，而且血清中胆固醇的含量也有所降低，并没有发现任何副作用。研究人员确信通过服用螺旋藻是可以降低体重的。

11.保持皮肤、治疗外伤和抗生作用

人们很早就用螺旋藻作为面霜和擦身体，而且有人用浸有螺旋藻的水洗澡以保护皮肤。乍得的卡那布的人用湿螺旋藻做敷剂治疗一些疾病。

有些科学研究证明，螺旋藻是一种很有效的外伤治疗药物。法国的一项研究证明，螺旋藻为主要成分的药物可以加速外伤愈合。

这个结论是从几个服用螺旋藻、螺旋藻汁及提取物的实验中总结出来的。螺旋藻可以配制成乳剂、油剂、溶液和悬浮液。日本的一项研究表明，含有螺旋藻和它的水解物的化妆品可以促进皮肤的新陈代谢和消除伤疤。

另一项研究表明，螺旋藻的提取物可以有效地抑制细菌、酵母和真菌的生长。这些提取物中的抗菌素在医学上会有很大的用途。

三、螺旋藻的开发利用

总之，螺旋藻比其他任何食物含有更丰富、更均衡的优质蛋白质及多种维生素、矿物质、叶绿素、γ－亚麻酸等不饱和脂肪酸和β－胡萝卜素等。它所含有的人体不能合成的 8 种必需氨基酸，与联合国“FAO”标准几乎一致。1g 螺旋藻粉所含的营养素相当于 1000g 各种蔬菜营养素的总和。它集十余种维生素于一身，且含量非常丰富，真是天然食品的奇迹。由于其细胞壁结构的特殊性，它容易被人体吸收消化，消化率达 86%，堪称最佳天然绿色保健食品。因此世界各国已广泛地将其应用于食品中，数百年前非洲一些部落就将螺旋藻制成藻饼食用。

（1）墨西哥政府规定：该国的儿童食品内必须含 5% 的螺旋藻；凡参加奥运会运动员的食物中需含 20%～40% 的螺旋藻。

（2）日本保健协会公布：螺旋藻是38种保健食品之一。

（3）美国将螺旋藻作为高级营养食品亦用作减肥食物。

（4）德国将螺旋藻制成特殊食品，供运动员、妇幼、老人食用。

（5）法国、以色列、印度、泰国等国家和中国台湾地区都将螺旋藻制成各种食品，因此，国内市场上对其需求量已日渐增加。

第三节　黄芪

相传，古时候有一位善良的老人，名叫戴糁。他善于针灸治疗术，为人厚道，待人谦和，一生乐于救助他人。后来，由于救坠崖儿童而身亡。老人形瘦，面肌淡黄，人们以尊老之称而敬呼之“黄耆”，老人去世后，人们为了纪念他，便将老人墓旁生长的一种味甜，具有补中益气、止汗、利水消肿、除毒生肌作用的草药称为“黄芪”，并用它救治了很多病人，在民间广为流传。

一、黄芪药食功效

黄芪是百姓经常食用的纯天然品，产于我国华北诸省。黄芪来源于豆科植物黄芪或内蒙黄芪的乾燥根。清朝宫内称其为“补气诸药之最”，民间也流传着“常喝黄芪汤，防病保健康”的顺口溜，意思是说经常用黄芪煎汤或用黄芪泡水代茶饮，具有良好的防病保健作用。《本经》记载："主痈疽，久败疮，排脓止痛。补虚，小儿百病。"《日华子本草》记载："助气壮筋骨，长肉补血。"黄芪和人参均属补气良药，人参偏重于大补元气，回阳救逆，常用于虚脱、休克等急症，效果较好。而黄芪则以补虚为主，常用于体衰日久、言语低弱、脉细无力者。有些人一遇天气变化就容易感冒，中医称为"表不固"，可用黄芪来固表，常服黄芪可以避免经常性的感冒。

中国的药剂师在长达 2000 多年的历史中推断并将黄芪用作增进能力和抵抗疾病的良药，现代药理研究表明，黄芪含有多种对人体健康有益的生物成分与微量元素，如黄芪多糖、单糖、黄酮苷、叶酸、胆碱、多种氨基酸、黏液质、纤维素及硒、硅等，能兴奋中枢神经系统，增强机体的抗病能力与免疫力，调节机体平衡，对改善心肺功能，扩张血管，改善微循环，降血压、降血糖、保护肝肾，促进细胞的新陈代谢及抗病毒、抗菌等，均有良好的作用，民间常以黄芪为主，配以其他药物或佐料，作为保健防病的食疗方，如黄芪煮黑豆、黄芪红枣汤、黄芪煲赤肉、黄芪煲血骨、黄芪大米粥、黄芪杞子汤等等。喝汤为主，兼食其他，每周 2～3 次坚持服食。黄芪作为保健食品，用量一般不必过大，15～30g 即可，其他佐料可视情况而定，无须过于严格。由于黄芪补气升阳，味甘性温，故心肺功能不全所致的喘咳气急，肝阳上亢引起的高血压、头面烘热、头痛及火热牙痛、头胀痛、消化不良等均不宜应用。

二、黄芪药理作用研究

黄芪具有补气升阳、益卫固表、托毒生肌、利水消肿等功效，近年来对其药理作用研究取得了较大进展，现综述如下。

1.增强免疫功能

黄芪能增强网状内皮系统的吞噬功能，使血白细胞及多核白细胞数量显著增加，使巨噬细胞吞噬百分率及吞噬指数显著上升，对体液免疫、细胞免疫均有促进作用。黄芪能促进血清溶血素形成，提高空斑形成细胞的溶血能力，具明显的碳粒清除作用和增加脾重的作用。

2.对干扰素的作用

黄芪具有增强病毒诱生干扰素的能力。易感冒者在感冒流行季节服用黄芪，不仅可使感冒次数明显减少，而且可使感冒症状较轻，病程较短。

3.增强机体耐缺氧及应激能力

黄芪多糖有明显的抗疲劳作用，能显著延长氢化可的松耗竭小鼠的游泳时间和增加肾上腺素重量。黄芪多糖有明显的耐低温作用，能使正常以及虚损小鼠的抗生存时间明显延长。

4.促进机体代谢

黄芪可使细胞的生理代谢增强，这可能是通过细胞内 cAMP，cGMP 的调节作用来完成的。黄芪还能促进血清和肝脏的蛋白质更新，对蛋白质代谢有促进作用。

5.改善心功能

黄芪对正常心脏有加强收缩的作用，对因中毒或疲劳而衰竭的心脏，强心作用更显著，表现为可使心脏收缩振幅增大，排出血量增多。100% 黄芪注射液可使离体心脏收缩加强、加快。黄芪能改善病毒性心肌炎患者的左心室功能，还有一定抗心律失常作用，可能是延长有效不应期所致。

6.降压作用

以黄芪煎剂、水浸剂、醇浸剂皮下或静脉注射于动物（犬、猫、兔），均可使血压下降，且作用迅速，持续时间短暂。

7.保肝作用

黄芪能防止肝糖原减少，对小白鼠四氯化碳性肝炎有保护作用。

8.调节血糖

黄芪多糖具有双向调节血糖的作用，可使葡萄糖负荷后小鼠的血糖水平显著下降，并能明显对抗肾上腺素引起的小鼠血糖水平升高，而对胰岛素低血糖无明显影响。

9.抗菌及抑制病毒作用

黄芪对痢疾、肺炎双球菌、溶血性链球菌 A，B，C 及金黄色、柠檬色、白色葡萄球菌等均有抑制作用。黄芪对口腔病毒的致病作用也有一定的抑制作用，但无直接灭活作用。

10.激素样作用

黄芪具有类似激素样作用，可延长小鼠的动情期，对小鼠的发育有良好的影响。

三、黄芪的开发利用

综上所述，黄芪能够增强机体免疫功能、增强造血功能。改善物质代谢、增强性腺功能、抗应激、延缓衰老等作用。黄芪还具有强心、调节血压、抗病毒性心肌炎、保肝、抗溃疡等作用，黄芪多糖和黄芪皂苷是其主要有效成分。所以，黄芪是一种名贵的中药材，更是现代人们生活中极其重要的绿色保健品。

现在市场上已有有关产品如：黄芪口服液、玉屏风口服液等，另外，黄芪药膳也是近年来人们感兴趣的膳食，现介绍几种：

（1）每天用黄芪 30g 左右，水煎后服用。或水煎好后代茶饮用。用黄芪 30g，加枸杞 15g，水煎后服用，对气血虚弱的人效果更佳。

（2）取黄芪 50g 左右，煎汤以后，用煎过的汤液烧饭或烧粥，就变成黄芪饭、黄芪粥，也很有益。

（3）还有些人喜欢在烧肉、烧鸡、烧鸭时，放一些黄芪，增加滋补作用，效果也不错。

第四节　刺五加

刺五加为五加科五加属，拉丁名称为 Radix Acanthopanacis Senticosl，英文名称为 Manyprickle Acathopanax Root，中文学名刺五加、五加参，第二学名 Acanthopanax Extract，别名五加皮、刺拐棒（中国东北），俗名刺五加。使用部位为根和根状茎。生于山坡林中及路旁灌丛中；药圃常有栽培。刺五加因有五出数掌状复叶，枝密被长刺，因此而得名。刺五加与人参同属于五加科。植物亲缘关系的接近，含有的有机化学成分也具有一定联系，因而刺五加与人参相类似，也具有较高的药用价值，分布于华中、华东、华南和西南。

一、刺五加营养成分及功能

刺五加自古即被视为具有添精补髓及抗衰老作用的良药。商品名为五加参，原主产于黑龙江省山区，地方土名习称“老虎潦”，在日本则称为虾夷五加，而在前苏联又称为西伯利亚人参。

刺五加见于《神农本草经》，列为上品。上品乃指无毒，久服可以轻身、延年益寿而无害。明朝李时珍《本草纲目》称刺五加，以五叶交加者良，故名五加，又名五花。五加治风湿，壮筋骨，其功良深，宁得一把五加，不用金玉满车，又“文章作酒，能成其味，以金买草，不言其贵”之说，对五加做了很高的赞誉。

经过研究分析刺五加主要含：多种醣类、氨基酸、脂肪酸、维生素A、B_1、B_2 及大量的胡萝卜素；另含有芝麻脂素、甾醇、香豆精、黄酮、木栓酮、非芳香性不饱和有机酸及多种微量矿物质等。根皮祛风湿、强筋骨。根皮含挥发油、鞣质、棕榈酸、亚麻仁油酸、维生素 A、维生素 B_1。

刺五加苷 A 为胡萝卜素，人参中也含这类成分。在人体内能促进胆固醇的排泄，可防治血液中胆固醇含量过高症。刺五加苷 B 为紫丁香素（Syringin），是刺五加的主要强壮成分，有促性腺、抗辐射、抗疲劳等作用，具有与人参皂素相似的生理活性。刺五加苷 C 为乙基半乳糖聚甲基丙烯酸甲酯。刺五加苷 D 及 E 为紫丁香树脂酚（Syringaresinol）的双醣聚甲基丙烯酸甲酯。其主要活性成分被认为是刺五加苷 B 和刺五加苷 E。

（1）刺五加含超氧化物歧化酶复合物 SOD（Superoxide dimutase），SOD 具有良好的抗氧化功能，可以增强人体免疫以及抵抗自由基攻击的效果，具有抗氧化作用，可增强人体免疫力、防止老化及促进健康。

（2）刺五加亦含有丰富的维他命以及矿物质。经过研究分析，刺五加中含有维生素 A 、B_1、B_2 及 C 等维生素，以及锰、铜、镁、钴、镍、锌、铁、钠、钾、钙等矿物质成分。

（3）刺五加含有丰富的葡萄糖、半乳糖、胡萝卜素。并且配糖体的还原基（乙醇、氢氧基等有机化合物结合成的化合物）还具有刺激性荷尔蒙的作用，以及镇静和调整心肌能力的作用。

（4）刺五加另含有芝麻脂素、木栓酮、皂苷、真皮素、刺五加苷、非芳香性不饱和有机酸等物质。芝麻脂素（Sesamin）具有止咳、祛痰效果，也有抗结核杆菌 的作用。

二、刺五加的保健功能

近代医学研究证明刺五加的作用特点与人参基本相同，具有调节机体紊乱，使之趋于正常的功能。有良好的抗疲劳作用，较人参显著，并能明显的提高耐缺氧能力。补中、益精、强意志、祛风湿、壮筋骨、活血去瘀、健胃利尿等功能，久服“轻身耐劳”。

1.刺五加具有预防压力所致疾病的功效

刺五加含有刺五加苷，其对肾上腺具有良好的作用，这个微小的腺体位于肾上部并分泌抵抗疲劳的荷尔蒙。服用刺五加被认为可推进机体解决工作过度的生理压力，增强抵御疾病能力，以及人体的全面精力水平的提高。

2.刺五加具有抵抗疲劳和恢复精力的功效

刺五加苷可提高敏锐度和物理耐力，却没有含咖啡因产品具有的效力减退现象。研究显示刺五加苷可改善运动肌肉对氧的使用，这意味着人体可维持更久的有氧运动并更快从运动疲劳中恢复。

3.刺五加有刺激机体免疫力的功效

刺五加提取物可刺激细胞免疫力。研究发现，其可刺激人体内产生 T- 细胞，特别是助手细胞。因此刺五加被用于多种免疫相关疾病的治疗和保健。德国科学家曾发现刺五加可能对治疗艾滋病

（AIDS）的早期阶段有很大帮助。研究发现其可通过上升助手细胞的数量和细胞毒素，并与T细胞的协作作用来减缓病毒的扩散。

4.其他方面

（1）补气方面：刺五加可提高人体的氧气吸收量（抗氧能力是维他命 E 的 5 倍）。

（2）生血方面：刺五加有扩张血管，改善大脑血量，对血压具有双向调节作用。同时刺五加还可以抗疲劳、抗辐射、补虚弱、增强骨髓造血功能，并具有活血作用。

（3）安神方面：人体在氧气吸收不足时，容易昏沉、打哈欠、产生怠倦感，刺五加含有的物质，可以调节中枢神经系统的兴奋和抑制过程，使二者趋于平衡，有益智和安神作用。

（4）强身方面：刺五加可以提升最大耗氧量，增强运动的持续时间。

5.食用

云南人多年来已习惯摘取嫩枝当作野菜食用，凉拌、熟炒、入汤，可腌制成酱菜或咸菜，与肉类炒、炖、做汤均可。

三、刺五加开发利用前景

目前，刺五加资源的利用主要在以下几方面：

（1）临床药物。这是刺五加的主要用途，已用于治疗白细胞减少症、缺血性脑血管病、忧郁症、冠心病、心绞痛、高血脂等病症，并有抑制癌细胞的作用。因而，刺五加类药剂在临床使用方面在不断扩大。

（2）刺五加保健品。由于刺五加的多种保健功能，现已开发出刺五加果汁奶、刺五加豆奶保健饮料、刺五加茶等保健品。对机体免疫力有增强作用，并能增强思维能力和体力。

（3）山野菜。刺五加嫩茎叶食用价值很高，风味独特，是一种珍稀的保健山野菜，近年来深受人们的欢迎。随着人们生活水平的提高，人们对刺五加幼嫩茎叶这类绿色保健山野菜的需求还将进一步加大。

第五节 绞股蓝

绞股蓝又名七叶胆，为多年生宿根植物，广泛分布于亚热带和北亚热带地区。性寒、味甘，有益气、安神、降血压之功效，民间称其为“神奇”的“不老长寿药草”，“星火计划”中将其列为“名贵中药材”之首位。我国绞股蓝资源极为丰富，主要分布在长江以南各省山区海拔 300 ~ 3200m 的山谷密林、丘陵、山坡和石山地区的阴湿地带。绞股蓝全草都可入药，嫩叶的功效成分含量比根、茎高的多，药用价值最高。不同种类的绞股蓝所含功效成分不同，其功效作用也有区别。味苦的，性寒，清热解毒功效更强，对病毒性肝炎、慢性胃肠炎、慢性气管炎、慢性支气管炎等效果更好。因太苦很难直接入口，一般用作绞股蓝皂苷的提取；味甘的，养心护肝，益气和血更甚，对高血脂、高血压、脂肪肝、失眠头痛等效果好一些。日本产的都为甘味，故名为甘茶蔓，甘味的药用价值很高，近代日本学者研究发现绞股蓝含有与人参皂苷化学结构相同的皂苷，并分离出80多种皂苷类化学物质，引起各国重视。

1986年，国家科委在“星火计划”中，把绞股蓝列为待开发的“名贵中药材”之首位。

2002年3月5日国家卫生部将其列入保健品名单。

一、绞股蓝功效成分

绞股蓝主要有效成分是绞股蓝皂苷、绞股蓝糖苷（多糖）、水溶性氨基酸、黄酮类、多种维生素、微量元素、矿物质等。

1976年日本人永井正博等在绞股蓝中分离得到了人参二醇和2α－羟基人参二醇，首次揭示了绞股蓝中含有达玛烷（dammarane）型皂苷类成分。随后，人们对绞股蓝的化学成分进行了大量的研究，迄今发现的绞股蓝皂苷（Gyp）总共达136种，其中有绞股蓝皂苷（Gyp）Ⅲ、Ⅳ、Ⅷ、Ⅻ与人参皂苷（Gin）。由于绞股蓝的产地不同，其中的皂苷成分和含量也有很大区别。覃章铮等曾经对1990年以前发现的84种皂苷成分进行过综述性报道，但由于绞股蓝皂苷具有较好的药理疗效，因此，对绞股蓝皂苷成分的研究一直是热点。

绞股蓝茎、叶中均含有果糖、葡萄糖、半乳糖和低聚糖。马丽萍等对绞股蓝不同部位多糖含量测定的结果表明绞股蓝叶中多糖含量为（1.78 ± 0.6）%，茎中多糖的含量为（0.84 ± 0.23）%，绞股蓝全草中多糖含量叶高于茎。叶中的游离糖是茎中的3.6倍。茎、叶多糖的水解产物中均含有鼠李糖、木糖、阿拉伯糖、葡萄糖和半乳糖成分。

绞股蓝含有的黄酮类化合物（商陆素、芦丁和商陆苷）亦有很好的保健作用。有文献分析不同时期绞股蓝植物茎的黄酮含量以7

月份最高，11月份最低。侯冬岩等分析不同产地的绞股蓝中黄酮的含量是有一定差异的，其变化规律有待进一步探讨。江西药物研究所提出一些产地的绞股蓝主要含有黄酮类物质，而另一些产地的绞股蓝主要含有皂苷，对这一观点，在今后的引种栽培和成分分析时应引起注意。

徐翠凤等分析大部分绞股蓝含有18种氨基酸，其中包括人体所必需的8种氨基酸，不同部位氨基酸的含量各不相同，叶子的含量最高，茎的含量次之，地下茎含量最低。邓世林等研究表明：人体必需氨基酸中的赖氨酸、亮氨酸、异亮氨酸、蛋氨酸、苏氨酸、苯丙氨酸等6种在绞股蓝中含量较高，赖氨酸、亮氨酸、缬氨酸含量均显著高于多种果蔬类。绞股蓝所含氨基酸的营养价值和食疗作用完全符合医学药典要求，应该作为新型的食疗药源加以充分利用。

绞股蓝中含有丰富的微量元素，已报道的多达23种。其含有的维生素B、C、E及磷脂、有机酸、蛋白质、脂类和纤维等，都能有效维持机体的正常生命活动、保持生物膜结构和功能及调节新陈代谢。

二、绞股蓝食药保健功能

现代药理学研究证明绞股蓝具有降低血脂、降血压、防止衰老、抑制肿瘤、增强免疫力、镇静止痛、保护心脏和肝脏、抗动脉粥样硬化、保护血管等作用。

1.提高免疫力

绞股蓝可以双向调节免疫系统，能够提高巨噬能力，明显增高白细胞数，同时增加白细胞自身的吞噬功能，促进体内白介素的分泌，增加血清免疫蛋白的产生。

2.调节内分泌

（1）降血糖。绞股蓝可以保护肾上腺和胸腺及内分泌器官，使之不随年龄的增长而萎缩，维持内分泌系统的正常机能。正是由于绞股蓝的这种功效，所以它具有降血糖和改善糖代谢作用，是糖尿病人理想的药品和保健品。

（2）调节女性内分泌。对痛经、月经不调和女性更年期综合症有很好的效果，还对女性由于内分泌失调引起的便秘、失眠、脸上色斑、痘点、脸色灰暗等有明显的效果。绞股蓝具有很好的调节女性内分泌失调的作用。

3.治疗心脑血管疾病

（1）降血脂。绞股蓝具有显著降低胆固醇（TCH）、甘油三脂（TG）、低密度脂蛋白（LDL），升高高密度脂蛋白（HDL），保护血管内壁，阻止脂质在血管壁沉积，抗动脉硬化的作用。绞股蓝可以调节氧在体内分解后产生的废物——脂肪酸，达到降血脂的目的。绞股蓝茶一般在饮用三天左右即可有一种很长时间没有吃油腻，见肉眼馋的感觉。

（2）降血压。绞股蓝具有明显降低血粘稠度，调整血压功能，同时能防止微血栓形成并增加心肌细胞对缺氧的耐力，起到保护心肌的作用。

科学实验证明：绞股蓝能降低脑血管及冠状血管阻力，增加冠状动脉血流量，减少心脏耗氧，绞股蓝的这一作用及效果超过人参皂苷。

绞股蓝的显著特点还在于，绞股蓝在降压的同时，并不影响脑血管血流量，因此绞股蓝对高血压、心血管痉挛性疾病及心功能不全的病人十分有益。在饮用绞股蓝茶 1～2 个月以后，可以逐步减少甚至于不再使用降压药，而能保持血压稳定、正常。

4.神经系统疾病（头痛，失眠，疲劳，健忘）

（1）促睡眠。绞股蓝补脑安神，能调节大脑皮质兴奋和抑制反应的平衡，对中枢神经系统有双向调节作用，具有镇静、催眠、抗紧张、解疲劳、增强记忆力的功效。特别对于失眠有很快速的调节效果。一般情况下 1～2 天内睡眠就会得到显著的改善，有的用户当天睡眠就有明显的改善。

（2）抗疲劳，强力、健身。通过小白鼠实验表明：服用绞股蓝与不服用的小白鼠比较，服用绞股蓝的小白鼠游泳时间比不服用绞股蓝的小白鼠的时间要长约 31%～57%，而体力恢复也快得多。人服绞股蓝后，体力精力更加充沛，不易疲劳，即使疲倦了也易于恢复，从而工作效率大增。

通过服用绞股蓝的用户反应：服用绞股蓝后 2～5 天，会让人感受到浑身有力，因疲劳引起的腰酸背痛的现象也会随之消除。

（3）头痛、神经衰弱。绞股蓝药还具有镇痛止喘，对神经衰弱、支气管哮喘、偏头痛、心悸气短、胸闷肢麻、眩晕头痛、健忘耳鸣、自汗乏力等疾病有较好的疗效。

5.治便秘、调胃肠

（1）治便秘。绞股蓝能够保护肠壁，剥离肠壁沉积的废物，保持正常排便，并且既治便秘又治便溏，双向调理。据用户反应：服用绞股蓝后一般 2～3 天即可见效果，一个月左右效果明显，并逐步巩固。

（2）胃酸打嗝、脘腹胀满。绞股蓝能健肠胃，增进消化吸收。服用绞股蓝后，肠胃蠕动加快，食欲增加，耐饥渴的时间长，对胃病、胃痛和肠胃不适有很好的调理效果。胃酸打嗝、脘腹胀满，服用绞股蓝后，半天到一天时间即能见效。

6.减肥美容健肤

（1）减肥不反弹。绞股蓝具有抑制脂肪细胞产生游离脂肪醇及合成中性脂肪，阻止葡萄糖转化的作用。所以绞股蓝可从根本上避免脂肪的产生，所以不会出现减肥反弹，达到稳定减肥的效果。

调脂减肥的实验证明：在对吃肥腻的同时坚持服用绞股蓝的五名女性组，与不吃肉也不服用绞股蓝的五名女性组，进行定期检查比较发现，两组女性体内胆固醇与中性脂肪含量相近。由此可见绞股蓝对人体内脂肪有良性转化调节作用。

（2）美容护肤。常服绞股蓝，能加强血液循环，促进新陈代谢有规律地进行，从而保持和恢复皮肤的健美。并具有乌发、美容皮肤的效果。

另外，由于绞股蓝含有丰富的营养成分和多种维生素，所以它被称为是美容护肤，减肥丰体的首选的保健饮品。

7.抵消激素类药物副作用

绞股蓝对地塞米松等激素类药物副作用有抵消作用，对肿瘤所致的免疫功能低下有明显的增强作用，可使糖皮质激素引起的器官萎缩复原并阻止激素对器官的萎缩作用。对经常服用激素类药物的人士可作为不可多得的保健品。

8.防抗癌（肿瘤）

（1）抑癌率可达 20%～80%。经药理试验证明，绞股蓝能防止正常细胞癌化，绞股蓝主要作用于肿瘤细胞的 DNA 合成过程，对胃、直肠、子宫、食道、肝、胆、胰、肾、肺、皮肤癌及黑色素瘤等癌细胞的增殖有明显的抑制作用。抗癌药理实验证明，绞股蓝既有防止正常细胞癌变，又有促使癌细胞逐渐恢复正常的功效，患癌症的小白鼠服用绞股蓝组与不服用绞股蓝组相比，癌瘤减轻44.8%，存活期延长53.3%。绞股蓝是一种高效抗癌药物，对肺癌、肝癌、乳腺癌等20多种癌症，均具有明显的抑制效果。健康人如果长期服用绞股蓝，也可减少患癌的危险。

（2）预防前列腺癌。由于人体的微量元素硒的缺少，造成中老年人在得前列腺癌的几率增大，绞股蓝含有人体必需的18种氨基酸和丰富的锌、锶、铁、硒等多种微量元素。食用富硒微量元素的食品，有助于预防男性晚年时患前列腺癌，体内含微量元素硒越多，患前列腺癌的危险性就越小。

9.延缓衰老，抗自由基

（1）延长细胞寿命。通过人体细胞培养试验表明：人的皮肤细胞和胎儿肺细胞的再生次数为22代和51代，而在培养基中添加提取的绞股蓝皂苷，则可分别延长到27代和55代。由此证实绞股蓝有参与细胞复活的显著作用。另外，绞股蓝皂苷还具有增强超氧化物歧化酶（SOD）活性和耐力，能抑制使人体衰老的物质——脂褐质的形成，延长细胞寿命而延缓衰老。

（2）抗自由基。人体的各个器官会被自由基物质氧化，从而导致多种疾病并加速衰老。绞股蓝除了直接提供细胞养分，还可以抵抗自由基对细胞的损伤，从侧面维护细胞正常代谢，保证血管畅通。

10.消除亚健康

亚健康是指在健康与疾病之间存在的一种非健康也非疾病的中间状态。指机体虽没有器质性病变指标，但却出现免疫力下降，生理功能低下，活力降低，适应能力减退的一种生理心理状态，而绞股蓝具有提高人体自身免疫力的作用，可以有效地消除亚健康状态。

11.其他方面

绞股蓝在防治脑血栓、糖尿病、哮喘、偏头痛、支气管炎、口腔溃疡、胃溃疡、乙肝等顽症方面也有显著效果。

（1）护心保脉。绞股蓝在降低心肌壁紧张、缓和脑血管及外周血管阻力的基础上，能增强心脑活力，加大冠状动脉流量，缓和动脉硬化，促使整体循环更加旺盛而流畅。

（2）抗过敏。人体某部分机能虚弱，会对某些物质产生过敏，而形成支气管喘息、皮肤丘疹、关节疼痛等症，绞股蓝对这些病效果颇佳。

（3）绞股蓝可使食欲不振、失眠、头痛、精神不安等症状减轻或消失。

三、绞股蓝的开发应用前景

绞股蓝为葫芦科，绞股蓝属多年生草质藤本植物，又名五叶参、福寿草，日本的因其味甜，故名为甘茶蔓，云南所产七叶者，其味苦，又名七叶胆。绞股蓝可谓“食、药、饮”一体三用。绞股蓝是近 30 年才发现的益寿保健品。人们食用它可追溯到春秋战国时期，当时诸侯割据、灾荒遍野、民不聊生，饥民靠挖野菜来充饥，无意中发现绞股蓝比一般野菜好吃得多，又有清热止渴的效用。直至明代，绞股蓝被正式载入《救荒本草》。后来医学家暂停了对绞股蓝的深入研究，很多农民把它作为喂养牲畜的饲料。20 世纪 70 年代末 ~ 80 年代初，日本专家在绞股蓝中发现了人参皂苷，分离得到 80 多种皂苷类物质，自此掀起了世界范围的绞股蓝研究热潮。

经研究绞股蓝还含有丰富的小分子多糖；18 种以上的游离氨基

酸；丰富的维生素；23 种以上的宏量和微量元素特别是硼、镁、锰、锌、钼、硒、铜等；以及丰富的黄酮类生物活性物质。在临床上被广泛用于降脂、降压、降糖、减肥、抗癌、抗疲劳、抗溃疡、抗应激、抗痴呆、改善睡眠、通利便秘、美容乌发、延缓衰老。

我国从 20 世纪 80 年代开始，调查资源，研发产品，部分产品已进入国际市场。把绞股蓝开发成茶饮，成为一大健康时尚。绞股蓝在日本被称为“福音草”，被美国称为“绿色金子”，在新加坡、马来西亚被称为“健美女神”、“百病克星”，在我国有“东方神草”、“南方人参”等诸多的美誉。民间有句俚语“北有长白参，南有绞股蓝”，说明绞股蓝与人参功效相仿。常将其加红糖水煎服，具有一定抗疲劳、促睡眠、提高记忆力的作用。作为药食同源的保健品，其开发前景十分可观。

第二章　野生食用植物与癌症和自由基

癌症（cancer），医学术语亦称恶性肿瘤（malignant neoplasm），中医学中称岩，为由控制细胞生长增殖机制失常而引起的疾病。癌细胞除了生长失控外，还会局部侵入周遭正常组织甚至经由体内循环系统或淋巴系统转移到身体其他部分。

医学家指出癌症病因是机体在环境污染、化学污染（化学毒素）、电离辐射、自由基毒素、微生物（细菌、真菌、病毒等）及其代谢毒素、遗传特性、内分泌失衡、免疫功能紊乱等等各种致癌物质、致癌因素的作用下导致身体正常细胞发生癌变的结果。常表现为局部组织的细胞异常增生而形成的局部肿块。

癌细胞的特点是无限制、无止境地增生，使患者体内的营养物质被大量消耗；癌细胞释放出多种毒素，使人体产生一系列症状；癌细胞还可转移到全身各处生长繁殖，导致人体消瘦、无力、贫血、食欲不振、发热以及严重的脏器功能受损等等。

自由基，化学上也称为“游离基”，是含有一个不成对电子的原子团。由于原子形成分子时，化学键中电子必须成对出现，因此自由基就到处夺取其他物质的一个电子，使自己形成稳定的物质。在化学中，这种现象称为“氧化”。我们生物体系主要遇到的是氧自由基，例如超氧阴离子自由基、羟自由基、脂氧自由基、二氧化氮和一氧化氮自由基、过氧化氢、单线态氧和臭氧（通称活性氧）。

体内活性氧自由基具有一定的功能，如免疫和信号传导过程。但过多的活性氧自由基就会有破坏行为，导致人体正常细胞和组织的损坏，从而引起多种疾病。如心脏病、老年痴呆症、帕金森病和肿瘤。此外，外界环境中的阳光辐射、空气污染、吸烟、农药等都会使人体产生更多活性氧自由基,使核酸突变,这是人类衰老和患病的根源。

近年来，随着我国人民物质生活水平和对生活质量的要求不断提高，人们对保健知识的需求也与日俱增，所以对自由基的关注越来越多。过去人们一直认为，在地球上，细菌和病毒是人类生命的夙敌，直到 20 世纪 60 年代，生物学家从烟囱清扫工人肺癌发病率高这一现象中发现了自由基对人体的危害，人类才认识到我们还有比细菌和病毒更为凶险，也更隐蔽的敌人。自由基过量产生或人体自身清除自由基能力下降会导致多种疾病的产生与恶化。

自由基对人体的损害主要有三个方面：一、使细胞膜被破坏；二、使血清抗蛋白酶失去活性；三、损伤基因导致细胞变异的出现和蓄积。

自由基对人体的攻击首先是细胞膜开始的。细胞膜极富弹性和柔韧性，这是由它松散的化学结构决定的，正因为如此，它的电子很容易丢失，因此细胞膜极易遭受自由基的攻击。一旦被自由基夺走电子，细胞膜就会失去弹性并丧失一切功能，从而导致心血系统疾病。更为严重的是自由基对基因的攻击，可以使基因的分子结构被破坏，导致基因突变，从而引起整个生命发生系统性的混乱。

大量资料已经证明，炎症、肿瘤、衰老、血液病、以及心、肝、肺、皮肤等各方面疑难疾病的发生机理与体内自由基产生过多或清除自由基能力下降有着密切的关系。炎症和药物中毒与自由基产生过多有关；克山病——硒缺乏和范可尼贫血等疾病与清除自由基能力下降有关；而动脉粥样硬化和心肌缺血再灌注损伤与自由基产生过多和清除自由基能力下降两者都有关系。所以，自由基是人类健康最隐蔽、最具攻击力的敌人。

大量研究已经证实，人体内本身就具有清除多余自由基的能力，这主要是靠内源性自由基清除系统，它包括超氧化物歧化酶（SOD）、过氧化氢酶、谷胱甘肽过氧化酶等一些酶和维生素C、维生素E、还原性谷胱甘肽、胡萝卜素和硒等一些抗氧化剂。酶类物质可以使体内的活性氧自由基变为活性较低的物质，从而削弱它们对肌体的攻击力。酶的防御作用仅限于细胞内，而抗氧化剂有些作用于细胞膜，有些则是在细胞外就可起到防御作用。这些物质就深藏于我们体内，只要保持它们的量和活力它们就会发挥清除多余自由基的能力，使我们体内的自由基保持平衡。

要降低自由基对人体的危害，除了依靠体内自由基清除系统外，还要寻找和发掘外源性自由基清除剂，利用这些物质作为替身，让它们在自由基进入人体之前就先与自由基结合，以阻断外界自由基的攻击，使人体免受伤害。

在自然界中，可以作用于自由基的抗氧化剂范围很广，种类极多。目前，国内外已陆续发现许多有价值的天然抗氧化剂。在这方面的研究中，中国的科学家们已经走在世界的前列。他们已经发现并证明了，我国特有的一些野生食用和药用植物中，含有大量的活性物质，这些物质有着很容易被自由基夺走的电子，而它们在失去电子后就会成为一种对人没有伤害的稳定物质。下面对一些有代表性的野生食用植物资源作以介绍。

第一节　刺梨

刺梨为蔷薇科植物缫丝花的果实，又名茨梨、木梨子，野生小灌木，是鄂西山区的天然野果。刺梨 4 ~ 6 月开粉红色、红或深红色的花，夏花秋实。果实多为扁圆球形，横径一般为 2 ~ 4cm，8 ~ 9 月果实成熟，黄色，有时带红晕。果肉脆，成熟后有浓芳香味。果皮上密生小肉刺，俗称之为“刺梨”。果实内含有丰富的维生素 C，每 100g 鲜果的可食部分一般含 2g 维生素 C，因此被称之为“维生素 C 之王”；单宁 0.5 ~ 1g；含酸 1 ~ 2g；总糖量一般在 4g 左右；是滋补健身的营养珍果。

一、刺梨食药价值

刺梨的食药保健价值很高，其花、叶果、籽可入药，有健胃、消食、滋补，止泻的功效。特别是刺梨富含超氧化物岐化酶（简称 SOD），SOD 是国际公认具有抗衰、防癌作用的活性物质，还具有抗病毒、抗辐射的作用，在心血管、消化系统和各种肿瘤疾病防治方面，应用十分广泛。刺梨的果实同时也是加工保健食品的上等原料，成熟的刺梨肉质肥厚、味酸甜、果实富含糖、维生素、胡萝卜素、有机酸和 20 多种氨基酸、10 余种对人体有益的微量元素以及过氧化物歧化酶。尤其是维生素 C 含量极高，是当前水果中最高的，每 100g 鲜果中含量 841.58 ~ 3541.13mg，是柑橘的 50 倍，猕猴桃的 10 倍，具有“维生素 C 之王”的美称。刺梨果实有很高的营养价值和医疗价值，其味酸、涩、平；消食健脾，收敛止泄，用于治疗积食腹胀、痢疾、肠炎、维生素 C 缺乏症等。刺梨汁还具有阻断 N- 亚硝基化合物在人体内合成，起到防癌作用；对治疗人体铅中毒有特殊疗效。刺梨提取物中有效成分维生素 C，有抗衰老、延长女性青春期等作用。刺梨果实可加工成果汁、果酱、果酒、果脯、糖果、糕点等。刺梨也是一种很好的观赏花卉和绿篱植物。在 20 世纪的 1996 年，刺梨果实价格一度飙升，其最主要的原因是当时风靡医药界的三株口服液中有刺梨提取物的成分。

二、刺梨保健功效

刺梨果实营养丰富，誉为“营养库”。早在公元 1640 年，由田雯所撰的《黔书》中就有记载：“实如安石榴而较小，味甘而微酸，食之可以解闷，可消滞；渍汁煎之以蜜，可作膏，正不减于梨楂也。”公元 1870 年刘善述《本草便方二亭集》进一步论述：“刺梨甘酸涩止痢，根治牙痛崩带易，红花甘平泄痢止，叶疗疥金疮痢。”由此可知，人们把刺梨用作医疗保健的历史已久。20 世纪 40 年代初营养学家进一步证实刺梨的营养价值。20 世纪 80 年代科学家们对刺梨进行了较全面系统的研究，进一步探明刺梨的药用价值。

1.增强机体对传染的抵抗力

据研究，刺梨中维生素 C 可促进抗体的形成，发挥抗炎、抗过敏作用。目前临床将维生素 C 作急、慢性传染病和感染性休克的辅助药物。其中长期发热的慢性传染病（如结核病）患者，需量比常人高一倍以上。每日服 1g 维生素 C 可防感冒，服 6g 维生素 C，则对感冒有治疗效果。

2.防癌抗癌

据刺梨专家谢惠民等研究，刺梨中维生素 C 与亚硝酸等具有烷化剂物质相互作用，使亚硝酸失去致癌作用。食物中缺乏维生素 C 时，血清中存在的一种生理性透明质酸酶抑制剂（P. H. I）的含量下降，透明质酸酶释放，使细胞质解聚，引起组织破坏性病扩散，癌细胞增质。故维生素 C 是一种非常有价值的抑制多种细胞增殖性疾病（癌症）的药物。癌症病毒能使正常细胞内环——磷腺苷（cAMP）含量下降，使细胞发生恶性病变。维生素 C 通过抑制磷酸二脂酶而增高组织细胞中的 cAMP含量，使癌细胞转为正常。

据 1995 年贵州农学院吴立夫和北京医科大学宋圃菊等专家试验、发现刺梨汁能有效地阻断体内致癌物质 N- 亚硝脯氨酸的形成，可防止肝癌、神经系统肿癌及肺、肾肿癌发生。

3.治疗坏血病

当维生素 C 缺乏时，胶原蛋白等细胞间质的合成即会发生障碍，细胞间质增大，对快速增长的胶原组织（如伤口愈合时）的影响更大，就会出现创口愈合不良；骨骼、牙齿容易断脱落；毛细血管增大，引起皮下、粘膜、肌肉出血等坏血病。摄入刺梨，补充丰富的维生素 C 可使坏血病得以治疗。

4.排铅作用

1985 年贵州省劳动卫生职业病防治研究报临床试验表明，铅中毒的职业病患者，每日服用 240ml 刺梨汁（含维生素 C）有排铅的作用。另外，刺梨中的维生素 C 属还原型，属具生理活性的左旋（L）型抗坏血酸，因而食用刺梨鲜果及其加工的食品可摄入丰富的维生素 C，有利于人体健康。

5.抗衰老

刺梨中含有丰富的超氧化物岐化酶（SOD），食用刺梨鲜果及加工品可提高人体内 SOD 的活动，降低过氧化脂质（LPO），有明显的抗衰老作用。

6.治疗脚气病

维生素 B_1（硫胺酸）是人体必需的六种维生素之一，是正常生长与代谢不可缺少的。缺乏维生素 B_1 时，出现脚气病，影响感觉神经和运动神经，使器官与组织发生病变。表现为心血管、消化道、神经系统及其他器官的障碍。成年男人维生素 B_1 日需量为 1.2mg，成年女人维生素 B_1 日需量 0.9mg，刺梨汁含维生素 B_1 10.05mg/100g，常服刺梨汁或鲜果可弥补维生素 B_1 的摄入不足。

7.治疗口腔炎症

维生素 B_2（核黄素）是中国人食谱中最缺乏的维生素之一。当缺乏 B_2 时，常患唇炎和舌炎。成年男人日需量 1.8mg，成年女人日需量 1.3mg，刺梨汁含维生素 B_2 为 0.3mg/100g，服一定量的刺梨汁后，可治疗口腔炎症。

8.促进人体正常发育及治疗夜盲症

胡萝卜素是维生素 A 的前体并具其生理活性，缺乏时，会导致儿童生长发育不良，导致夜盲症。成年男女日需维生素

A750 μg，即需胡萝卜素 4500 μg。刺梨汁胡萝卜素平均含量为 0.13mg/100g，最高可达 3.56mg/100g，服用刺梨汁可治疗维生素 A 的缺乏症。

维生素 E（生育酚）是人体肌肉正常代谢，维持中枢神经系统和血管系统的完整，以及许多生理所必需的元素。它的作用多种多样，以生殖方面表现得较为明显。当维生素 E 缺乏时容易出现生殖系统的萎缩和伤害。人体对维生素 E 的需要量为日服 15~25mg。贵州农学院人工栽培刺梨 20 个样本，维生素 E 的平均含量为 2.89mg/100g，变动范围为 2.40~3.61mg/100g，远高于其他水果、蔬菜，是苹果的 10 倍，甜橙的 12.5 倍。服用刺梨汁可解决维生素 E 摄入量的不足。

9.健脾助消化解疼痛

据 1985 年刺梨专家孙学惠等研究发现，刺梨能健脾助消化，并具有阿托品的解痛作用。

10.降三高

我国卫生组织公布的数据显示：城市人口心脑血管疾病死因第一位。从根本上说，其发病原因就是在心脏的冠状动脉里游离的低密度脂蛋白受到自由基攻击后，吞噬细胞把它误认为是异物而吞噬。二者结合形成的沉淀物沉积在冠状动脉处，久而久之便堵塞血管。SOD 进入可将沉积的自由基清除，使沉淀的脂蛋白重新变成游离状态，血管通畅了，疾病自然减轻或痊愈。刺梨含有 SOD，因此对心脑血管病症，预防老年性痴呆有效。

三、刺梨开发前景

目前，利用良种刺梨已试制成原果汁、蜜饯、饮料、罐头、刺梨精华油、刺梨面膜等产品，均各具特色，感官良好，尤以果汁出口超过国内同类产品；利用刺梨汁开发的化妆品有特色的香味，良好的皮肤保健功能，使用效果明显。另外，刺梨还可加工软糖、刺梨酒、提取 SOD 做成 SOD 口服液，糖浆等系列食品，提高综合利用价值，具有广泛的开发利用前景。国外有关刺梨研究进展的报导甚少。目前国外开发刺梨产品加工的国家，主要有日本、韩国、新加坡、马来西亚等。这些国家主要以贵州出口的刺梨原汁浓缩为原料，加工果汁饮料或医药保健产品。近年来，日本客商多次与我国浙江省衢州地区有关企业接触洽商，要求进口高质量的刺梨果实干粉和刺梨汁低温干燥粉（加工工艺类似于低温真空干燥血浆工艺），具体用途不详。由此表明，世界各国对刺梨产品的开发已不仅局限于饮料和食品领域。

第二节　沙棘

沙棘为胡颓子科沙棘属植物，是一种落叶性灌木，其特性是耐旱，抗风沙，可以在盐碱化土地上生存，因此被广泛用于水土保持。国内分布于华北、西北、西南等地。沙棘为药食同源植物。沙棘的根、茎、叶、花、果，特别是沙棘果实含有丰富的营养物质和生物活性物质，可以广泛应用于食品、医药、轻工、航天、农牧鱼业等国民经济的许多领域。

沙棘起源于我国的青藏高原，是地球上最古老的植物之一。藏医玉妥·元丹贡布的经典著作《四部医典》记载沙棘具有祛痰、利肺、化湿、壮阴、升阳的作用，其中 60 余处还记述了沙棘的健脾养胃与破瘀止血的功用。

唐代古典医著《月王药珍》中记述“沙棘医治‘培根’，增强体魄，开胃舒胸，饮食爽口、容易消化”。

清代藏药学经典《晶珠本草》中称："沙棘利肺止咳，活血化瘀，利心脏血脉，消痰浊"，还称"沙棘种子含微量油质，补益人体血液。"

1977 年沙棘被正式列入中国药典，成为我国法定的医疗药材，也明确了沙棘为药食双用之珍贵资源。

一、沙棘的营养成分

沙棘是一种富含生物活性物质的天然植物，目前已发现的生化成分达 190 多种。沙棘所含维生素种类之多、含量之丰富是任何其他果蔬所无法比拟的，因此专家赋予它"维生素宝库"的美称。沙棘果中维生素 C 含量为 800 ~ 850mg/100g，高者可达 1500 ~ 1700mg/100g，是中华猕猴桃的 2 ~ 8 倍，苹果的 20 ~ 35 倍，且极为稳定。沙棘果中维生素 E 含量为 2.9 ~ 18.4mg/100g，最具活性的是 α – 维生素 E，还含有 γ – 维生素 E 和 δ –维生素 E，后两者具有很强的抗氧化作用。此外，沙棘还含有维生素 K_1、维生素 A、维生素 B_1、维生素 B_2，其中维生素 A 原有 β – 胡萝卜素、γ – 胡萝卜素等，在所有浆果中，沙棘中的含量最高。

沙棘中含有多种微量元素，从十几种到三十几种不等。沙棘中的微量元素有三个特点：首先目前已知人体必需的微量元素为 14 种，沙棘中竟含 11 种；其次是高钾低钠；第三是有害微量元素种类少，未测出有砷和镉。沙棘中有机酸含量约 2% ~ 3.5%，其中有苹果酸、草酸，这些酸具有缓解巴比妥类、抗生素类和其它药物的毒性，预防畸胎、X 射线、超大气压输氧和应激反应的损伤等生理活性作用。沙棘中含有种类齐全的氨基酸，人体 8 种必需的氨基酸沙棘中全有。沙棘含有磷脂类化合物，它是构成膜线粒体的成分，参与电子转移和氧化磷酸化作用，促进细胞代谢，有利于抗脂肪肝、抗肝硬化作用。经现代医学及营养学验证具有很高的药用及食用保健价值。

二、沙棘的生物活性成分

长期严酷多变的生态变迁，逆境的生理适应，使沙棘果实中的活性成分已达 190 多种，沙棘油中的活性成分有 106 种，其中包括脂溶性维生素 6 种，脂肪酸 22 种，脂类 42 种，黄酮和酚类 33 种。这么多有效成分，说明沙棘是一种十分珍贵的药用植物，既可以制成各种药品，又可以制成各种功能食品，以及其他多种人类所需要的产品，如果醋、醋饮料等。它含有多种营养成分，主要有：多种黄酮、卵磷脂、脑磷脂、不饱和脂肪酸、氨基酸、微量元素等。国内外研究资料表明，沙棘含有极丰富的生物活性物质，主要有 11 大类。

1.黄酮类化合物

沙棘中含有黄酮类化合物 7 种以上，主要有异鼠李素、槲皮素、异鼠李素 –3– β –D– 葡萄糖苷、异鼠李素 –3– β – 芸香糖苷等。药理研究证明，沙棘果实中黄酮类和其他酚类化合物具有增强人体的耐受性，减少毛细血管壁的渗透性，对心血管疾病有特别显著的作用，尤其对心绞痛及心功能有明显的改善作用，对血液中的胆固醇、甘油三酯有明显的降低作用。对血垢、陈血细胞、血液中的垃圾有显著的净化作用。

2.三萜、甾体类化合物

沙棘中含有熊果酸、齐墩果酸、谷甾醇、洋地黄苷、卵黄磷蛋白醇、胆固醇、24– 乙基胆甾 –7– 环 – β 醇、高二根醇、羽扇豆醇、不饱和醛类、平角甾烯醇、α－香树精、β－香树精、β－谷甾醇等26种以上。这些均为人体营养调节剂，对增强血管韧性效果特别明显。

3.油和脂肪酸类

沙棘的果肉、种子、果皮、茎皮和叶中都含有脂肪油，其含量与油的性质随部位不同而有所差别。沙棘中油和脂肪酸类的活性成分有100多种以上。主要的脂肪酸有月桂酸、肉豆蔻酸、棕榈酸、十六烯酸、硬脂酸、油酸、亚油酸、亚麻酸等。

4.酚类及有机酸类

沙棘中的多酚类化合物有苹果酸、柠檬酸、琥珀酸、β－香豆素、酚酸等14种以上。因此，以沙棘为主要原料的营养液，服用起来口感上都有些酸。如神兴牌欣之安沙棘口服液口感的酸味即来自这里。沙棘中的酚类及有机酸类，临床上已用于防止冠状动脉硬化。酸类能明显增加血管的柔韧性和可塑性，并有明显的降压效果，对中老年朋友的冠状动脉硬化、中风后的恢复及预防中风效果特别明显。

5.维生素类

沙棘中富含维生素C。其维生素C含量是一切蔬菜、水果类之冠，并且沙棘所含维生素C相当稳定。维生素C可以提高大脑细胞的活力，提高大脑的耐缺氧能力，可消除疲劳和提高工作效率，这也正是人们服用了沙棘制品后，感觉精力充沛的原因。此外，沙棘果还含有维生素E、β－胡萝卜素及B族维生素，沙棘是维生素“源”植物，因此，在服用以沙棘研制成的口服液时，可以不吃、少吃各种新鲜水果和蔬菜。这对长期出差、饮食不规律的人，可以起到补充维生素并防病治病一举多得的作用。沙棘中的维生素E对人体来说是非常重要的。其生理和药理上的功能主要是：对生物膜的保护作用，抗自由基和抗脂质过氧化作用，提高免疫功能的作用，降血脂肪、治动脉粥样硬化作用等。它在人体内还可防止不饱和脂肪酸的过分氧化，促使血清胆固醇降低，促进毛细血管增生，改善微循环，从而预防并治疗动脉硬化及心脑血管疾病。特别对骨骼、心肌、平滑肌及周围血管正常功能起重要作用，是维持血管的柔软、弹性，维持血液流动性的主要物质。

6.挥发油类

迄今为止，沙棘中已鉴定出 200 多种挥发性成分。羟基香豆素，能降低血液的凝固性，阻碍血凝块的形成，所以能在某种程度上预防血栓性静脉炎和血栓塞的形成。三萜烯酸和三萜烯醇能够刺激心脏的活动，各种甾醇能把胆固醇同食物结合在一起，从而可以阻止动脉粥样硬化的发生。

7.蛋白质和氨基酸类

沙棘果肉、果汁、种子中均含有蛋白质，而且含量是相当高的。沙棘果肉和果汁中含有种类齐全的氨基酸，包括人体不能合成的，又是所必需的 8 种氨基酸。氨基酸可以营养神经，调解中枢神经的兴奋过程与抑制过程的平衡，提高睡眠质量，还具有养血、补血、通畅血脉的作用。

8.磷脂类

磷脂（包括卵磷脂、脑磷脂、磷脂酰肌醇、磷脂酰甘油）的含量约占沙棘果实重量的 0.5% 左右。它具有驱脂和抗溃疡特性，可用于防治动脉粥样硬化症。

9.人体必需的多种微量元素

微量元素对人类具有十分重要的生理和病理意义。目前已知人体所必需的微量元素为14种，沙棘中含有其中的11种。特别是微量元素铁、硒、锌、钾、钠、钙、镁、铜、锰等含量很高，与人体需求相吻合。

10.5－羟色胺

沙棘茎皮和沙棘果实中含有5－羟色胺，这在植物界中是罕见的。它作为一种神经递质，对人的感情状态、血压、体温、机体的内环境、激素等，有重要的调节作用，并能加速纤维蛋白原转化为纤维蛋白，有助于血液凝固等方面的作用。

11.糖类

沙棘中含有5%~10.5%的糖类，以葡萄糖和果糖为主。

总之，就目前研究的已知资料来看，沙棘的作用和功效是多方面的、神奇的，所以中国人称沙棘为“国宝”，俄罗斯人称沙棘为“第二人参”，东 南亚人则称它为“神秘果”。

三、沙棘神奇的保健作用

现代化学成分分析表明：沙棘中富含维生素C、维生素E、类胡萝卜素、多种氨基酸、有机酸、有酸、亚油酸、黄酮类化合物、磷脂类化合物、酚类化合物、甾醇类化合物、微量元素、蛋白质等人体必需的营养保健成分。其中维生素C含量高于任何一类水果中的含量，胡萝卜素也远高于同类之物含量，沙棘籽中不饱和脂肪酸高达80%，十八种氨基酸中人体必需的八种全有，而且含量都很高，含有十二种人体必需的微量元素，其中钙、铁、锌、钾、硒的含量都较高。除此外，还含有苦木素、香豆素、白花青素、白果素、儿茶素、甜菜碱、5－羟色胺等具有抗肿瘤、抗溃疡、抗炎、抗动脉硬化、抗辐射、抗衰老等方面作用的生物活性成分。

我国著名的中医药专家及世界各国生化、医药专家经过对沙棘中有效成分的长期研究指出，沙棘神奇的抗炎、抗癌、抗衰老等作用是由于沙棘中多种生物活性物质的合理组配同人体的需要相适应。190 多种生物活性成分居于沙棘之中，这在自然界是个奇迹。这与沙棘生长的自然环境所造就的顽强生命力和沙棘植物古老的生长历史分不开。沙棘真正是——神奇的生命之果。

1.对心血管系统疾病的作用

对缺血性心血管病：冠心病、心绞痛、心肌梗塞、心律失常、心肌缺血缺氧、心力衰竭等病症有极好的防治作用，对心肌炎、风心病、慢性心功能不全也有很好疗效，另外对改善心功能、缓解胸闷、心悸、气短等症状也有很好作用。医学临床表明沙棘黄酮及其他酚类化合物，甜菜碱等活性物质可以降低高血压、软化血管、防止动脉粥样硬化、降低血液粘度、抑制血小板聚集、改善血液循环、降低血液中胆固醇、甘油三脂、降低低密度脂蛋白、提高高密度脂蛋白、清除血管壁的沉积物、恢复血管弹性、增加冠状动脉血流量、降低心肌耗氧量、增强心功能等作用。

2、对脑血管系统的疾病的作用

对缺血性脑血管病：脑缺血、脑血栓、脑梗塞、脑动脉硬化及由此引起的头痛、头晕、语言不清、手脚发麻、行动迟缓、四肢无力、活动僵硬等症状有很好的防治及缓解作用。对由此引起偏瘫、失语、痴呆等症状均有很好的康复作用。

沙棘总黄酮等有效成分能直接清除超氧自由基和羟自由基，能降低高血压、降低高血脂、降低血液粘度、抑制血小板过度聚集、软化血管、改善血液循环、防止动脉硬化、改善大脑供血供氧。

3.对新陈代谢及免疫系统的作用

沙棘总黄酮等生物活性成分对免疫系统的多环节都具有不同程度的调节作用能力，对体液免疫和细胞免疫具有明显的调节作用，还有一定的抗过敏作用、增强人体抗病能力，这是由于沙棘总黄酮等有效成分具有清除人体自由基，提高机体免疫功能作用，因而临床对多种免疫系统疾病有很好的作用。

黄酮类化合物还可调节甲状腺功能，使甲状腺功能亢进恢复正常。

4.抗肿瘤、抗癌作用

沙棘中的生物活性成分白花青素、苦木素、香豆素、5- 羟色胺等均有明显的抗癌活性及抗肿瘤作用。对人体内的癌细胞具有一定的抑制及杀伤作用，还具有阻断致癌因素的作用。而且可以通过提高癌症患者的自身免疫功能，增强对癌症的抵抗能力，减轻放疗及化疗的毒副作用，促进癌症患者康复。 特别对胃癌、食道癌、直肠癌、肝癌等消化系统的癌症效果比较明显。

5.对呼吸系统疾病的作用

沙棘在传统医学理论中就具有止咳平喘、利肺化痰的作用，对慢性咽炎、支气管炎、咽喉肿痛、哮喘、咳嗽多痰等呼吸道系统疾病均有很好作用。其作用主要与沙棘中黄酮类化合物消炎、促进毛细血管血液循环作用有关。

6.对消化系统疾病的作用

由于沙棘中含有大量氨基酸、有机酸等多种营养成分，还有氯元素和其他酚类化合物，可以促进胃酸的生物合成，刺激胃液分泌，因而沙棘具有消食化滞、健脾养胃、疏肝理气的作用。对于消化不良、腹胀痛、胃炎、胃及十二指溃疡、肠炎、慢性便秘等均有极好作用。

7.对肝脏等保护作用

沙棘中含有的苹果酸、草酸等有机酸具有缓解抗生素和其他药物的毒性作用，保护肝脏。沙棘中卵磷脂等磷脂类化合物是生物活性成分，可促进细胞代谢、改善肝功能、抗脂肪肝、抗肝硬化。另外，沙棘油对心脏、肝脏、肺脏及骨髓均有明显保护作用。

8.抗炎生肌、促进组织再生的作用

沙棘中提取的沙棘油富含维生素 E、胡萝卜素、谷甾醇、不饱和脂肪酸等，可促进机体新陈代谢，有利于损伤的组织恢复，还可以治疗皮下组织炎症的发展，增强炎症中心的抗炎作用，以及明显的促进溃疡愈合作用。因而沙棘油在临床对辐射损伤、烧伤、烫伤、褥疮、皮炎、粘膜炎、子宫内膜炎、宫颈糜烂和胃及十二指溃疡等均有很好的疗效。沙棘油内服外用还对治疗黄褐斑、慢性皮肤溃疡也有极好效果。对手术后伤口愈合、消除疼痛、减少不良反应，也有很好作用。

9.健脑益智，促进儿童生长发育作用

沙棘含有的多种氨基酸、维生素、微量元素、不饱和脂肪酸（EPA．DHA）对儿童的智力发育及生长均有很好的促进作用。长期服用沙棘汁对提高儿童智力水平，反应能力及保持旺盛的精力和体力均有良好的作用。

10.抗衰老作用

现代医学研究表明：人体衰老及许多疾病的发生与体内物质的过氧化作用有关。因此防止过氧化及清除体内过氧化产生的羟自由基成为抗衰老的关键。沙棘中的沙棘总黄酮有直接捕获超氧自由基和羟自由基作用。维生素 E、维生素 C、超氧化物歧化酶能抗氧化、清除人体内的自由基，同时又有增强免疫功能、调节免疫细胞，有利于提高人体抗病能力、延缓人体衰老。

四、沙棘开发前景

沙棘多分布于我国地广人稀的“三北”地区，特别在内蒙古河套地区的沙棘占全国 80% 以上。未遭受污染，是纯天然的绿色食品。用沙棘加工的食品、饮料、保健品等迎合了现代人返朴归真、养身保健的心理，同时，又可以满足人们从温饱食品向无污染、安全、营养型食品转变的追求，因此，深受消费者的青睐，市场前景十分广阔。

第三节 余甘子

余甘子为大戟科叶下珠属植物余甘子（Phyllanthus emblica L）的果实，别名油柑子，橄榄子（四川），滇橄榄（云南），青果等。《唐本草》称之为庵摩勒，余甘；《南方草木状》谓“树叶细，似合昏，花黄，食似李，青黄色，核圆作六七棱，食之先苦后甜”；《本草纲目》称之为庵摩落迦果，载有“其味初食苦涩，良久更甘，故曰余甘”。

余甘子为一种常用藏药，与诃子，毛诃子三者在藏药中常被称为“三大果”；使用频率很高。在《藏药标准》所载的 290 种藏药成药中，含余甘子的有 72 种，占总数的 25%，卫生部药品标准 1995 年版藏药标准所载 200 种成药中，有 59 种含余甘子，占 29%，1990 年余甘子被载入《中国药典》。

余甘子果实味酸微涩，清热凉血，消食健脾，生津止渴。主治血热血瘀、消化不良、腹胀、咳嗽、喉痛、口干及维生素C缺乏症。在藏药中，余甘子主治培根病、赤巴病、血病、高血压病等。近年研究结果表明，余甘子具有抗炎、抗氧化、抗衰老、保肝等作用。

一、余甘子化学研究

1.鞣质及酚酸类化合物

余甘子果实富含鞣质，含量高达45%，未成熟果实中仍可达30% ~ 35%，干燥果实中，鞣质含量尚为14%，其中包括没食子酸（gallic acid），鞣花酸（ellagic acid），葡萄糖没食子鞣质（glucogallin），3，6- 二 -O- 没食子酰基 -β-D- 葡萄糖（3，6-digallylglucose），诃子酸（chebulinic acid），原诃子酸（terchebin），诃黎勒酸（chebulagic acid），鞣云实素（corilagin），余甘子酸（phyllemblic acid），余甘子酚（emblicol），诃子裂酸（chebalic acid），1，6- 二 -O- 没食子酰基 -β-D- 葡萄糖（1，6-Di-O-galloyl-β-D-glucose），1-O- 没食子酰基 -β-D- 葡萄糖（1-O-galloyl-β-D-glucose），核实木素A（Putranjivain A），1，2，3，6- 四 -O- 没食子酰基 -β-D- 葡萄糖（1，2，3，6-tetra-O-galloylglucose），phyllanemblinin A，chebulanin，elaeocarpusin，punicafolin，tercatain，mallonin. 左旋 - 苹果酸 -2-O- 没食子酸酯（L-malic acid 2-O-gallate），粘酸 -2-O- 没食子酸酯（mucic acid 2-O-gallate），粘酸 -1，4- 内酯 -2-O- 没食子酸酯（mucic acid 1，4-lactone 2-O-gallate），粘酸 -1，4- 内酯 -5-O- 没食子酸酯（mucic acid 1，4-lactone 5-O-gallate），粘酸 -1，4- 内酯 -3-O- 没食子酸酯（mucic acid 1，4-lactone 3-O-gallate），粘酸 -1，4- 内酯 -35- 二氧没食子酸酯（mucic acid 1，4-lactone 3，5-di-O-gallate）。

2.黄酮类化合物

余甘子果实中含有黄酮类化合物，1994 年日本学者用甲醇和水提取余甘子果实，从中得到槲皮素，山奈酚 -3-O- 葡萄糖苷（Kaempferol-3-O-glucoside），槲皮素 -3-O- 葡萄糖苷（Quercetin-3-O-glucoside），无色飞燕草素（leucodelphinidin）。

3.生物碱类

1976 年，Ram 等从余甘子中分离出了生物碱 zeatin。

4.萜、甾醇和苷类

1978 年，Ram 等从余甘子中分离出二萜类成分，giberellinA-1，giberellinA-3，giberellinA-4，giberellinA-7，giberellinA-9。2001 年，Zhang YJ 等从余甘子根部分离出了三种没药烷型倍半萜类成分，phyllaemblic acid B，phyllaemblic acid C，phyllaemblicin D 及苷类：2- 羧甲基酚 -1-O-D- 吡喃葡萄糖苷（2-carboxylmethylphenol 1-O-D-glucopyranoside）及 2，6- 二甲氧基 -4-（2- 羟乙基）酚 -1-O-D- 吡喃葡萄糖苷（2，6-dimethoxy-4-（2-hydroxyethyl）phenol 1-O-D-glucopyranoside）。余甘子中还含有甾醇类化合物 β - 谷甾醇（β -sitosterol）。

5.维生素

余甘子果实中含维生素 C、维生素 B_1、维生素 B_2、胡萝卜素、维生素 A、维生素 PP 等，尤其富含维生素 C，其含量可达 0.6% ~ 0.92%，春季果实含量最高，有时甚至可达 1.82%，该含量是苹果维生素 C 含量的 160 倍，同时也是柑橘含量的 100 倍，仅次于水果维生素 C 之王的刺梨。

6.氨基酸

余甘子果实中含 17 种氨基酸，包括了人体所需的 8 种氨基酸，其氨基酸总含量达 185mg/100g，主要有谷氨酸、脯氨酸、天冬氨酸、丙氨酸、赖氨酸。

7.微量元素

余甘子果实中含有多种微量元素，其含量比苹果丰富，所含微量元素共包含有 14 种：Cu，Mn，Mo，Mg，Na，Ni，Se，Zn，Ge，P，K，S，Fe，Ca。其中 K，Ca，Mg，P 四种元素含量普遍较高，其次是 S，Cu，Fe 和 Mo；另外普遍存在但含量相对偏低的元素有 Se，Zn，Ni，Mn 和 Ge；而含量较高（相对百分含量）但分布十分局限的元素为 Na（仅见于四川雅龙江河谷，云南漾濞和香港的样品）。上述微量元素中 Se，Ge，Mo，Mn 在抑制癌症和心血管疾病，增强机体免疫能力方面具有特殊意义。

8.脂肪酸

余甘子种子含脂肪酸 26%，主要包括：亚麻酸，亚油酸，油酸，硬脂酸，棕榈酸，肉豆蔻酸等。

二、余甘子药理研究

1.抗艾滋病逆转录酶（HIV-IRT）作用

对 HIV-IRT 的抑制作用可以预防艾滋病，1995 年日本学者对 41 种埃及草药提取物测试抗 HIV-IRT 活性，在对余甘子的研究中，分离得到鞣质 Putranjivain A 对 HIV-IRT 有很强抑制作用。

2.防癌作用

余甘子果实提取物不论体内还是体外，均能够阻断强致癌物 N- 亚硝基化合物的合成，其阻断率在 90% 以上，比同浓度的 维生素 C 高 3 ~ 5 倍，表明余甘子具有防癌作用。在体外余甘子的酚酸类成分能抑制人癌细胞株 erythromyeloid K562、B-lymphoid Raji，

T-lymphoid Jurkat、erythroleukemic HEL. 的增生。

3.抗诱变、抗致畸作用

余甘子水提物能明显减弱由重金属盐 $Pb(NO_3)_2$ 和 $Al_2(SO_4)_3 \cdot 18H_2O$ 所引起的小鼠骨髓细胞的细胞毒作用（400mg/Kg dry weight），水提物和维生素 C 有协同作用，共同饲养小鼠，可以降低有害物质氯化锌，间胺黄和乙酰类杀虫剂对小鼠骨髓细胞的全面破坏作用，可以抗镍、镉、铯等引起的诱变。

4.抗炎作用

余甘子能显著抑制大鼠琼脂性足跖肿胀和二甲苯所致小鼠耳缘肿胀，显著抑制组胺所致的毛细血管通透性增强和白细胞游出。表明余甘子有显著的抗炎和抗渗出作用。抗炎作用随剂量增大而增强。余甘子能显著抑制急性炎症的发展，改善和缓解炎性症状，对慢性增生性炎症作用不明显。

5.降血脂及抗动脉粥样硬化作用

余甘子是一种较好的天然降脂药物，用于治疗糖尿病脂代谢紊乱所引起的高血脂有良好的效果，其疗效高于维生素 E，对微血管病变和神经系统并发症也有一定的疗效。由其鲜果汁精制而成的安摩乐口服液与胶囊有降脂降压的作用，可治疗高脂血症及单纯性肥胖症，临床检测无毒副作用。

余甘子果汁可抗动脉粥样硬化作用，对高胆固醇血症疗效最好。余甘子能使饲喂高胆固醇动物的血清胆固醇，甘油三脂，磷脂及 LDL 水平分别降低 80%，66%，77% 及 90%，还可明显抑制主动脉内膜斑块的形成，并能加速胆固醇及磷脂从粪便中排泄，说明其降脂作用可能与干扰胆固醇的吸收有关。

6.抗氧化作用

脂质过氧化（LPO）损伤与肿瘤、衰老、心脑血管病、自身免疫疾病、休克、炎症、辐射损伤等的发生发展密切相关，汕头大学学者参考 Rieba HCB 方法，建立 Fe^{2+} 诱发脂蛋白 PUFA 过氧化体系，用于评价余甘子果汁的 AOA（抗氧化性），经检测表明余甘子有抗氧化作用。通过测定余甘子果汁粉对高胆固醇血症家兔血脂、丙二醛水平、动脉粥样斑块形成及内皮素表达的影响，证明余甘子具有较强的抗脂质过氧化作用，能提高机体抗氧化能力，具有保护血管内皮功能的作用。

7.抗衰老作用

衰老的主要根源是自由基过多，而脂质过氧化物（LPO）含量增高，说明自由基反应增强；超氧化物歧化酶（SOD）有清除超氧自由基，保护细胞发挥其抗衰老作用。余甘子果实提取物能抑制联苯三酚和肾上腺素的自氧化作用，表明其中含有这一对人体有益的活性物质 SOD，每 1g 鲜果含 SOD 活力为 482.14U。

有报道，用比较研究方法观察不同浓度余甘子对大、小鼠红细胞 SOD、血清 LPO、Zn、Cu 和体重量的影响，结果说明余甘子影响大、小鼠体内的自由基反应，降低 LPO 含量，提高红细胞 SOD 活性及相关的 Zn、Cu 水平。临床研究表明余甘子使红细胞 SOD 活力明显增加，高于服用前，上升率 100%，血浆中 LPO 含量下降，下降率为 73%，表明余甘子可能具有延缓、拮抗衰老进程的作用。

8.保肝作用

余甘子的水提醇沉物对扑热息痛、硫代乙酰胺所致的急性肝损伤具有预防作用，对 D- 半乳糖胺所致的急性肝损伤具有明显的保护作用，对四氯化碳引起的慢性肝损伤具有保护肝细胞、减少肝损伤、抗肝纤维化作用。50% 乙醇余甘子提取物能明显降低血清 SGPT、胆固醇和脂质体，从而达到保肝效果。

9.对胃肠道的作用

（1）抗溃疡作用 。余甘子果实水提物和正丁醇提取物有抗溃疡作用。余甘子正丁醇提取物对消炎痛所致实验性胃粘膜损伤有明显的保护作用，能使消炎痛所致的小鼠的溃疡面胃粘膜分泌物及氨基己糖增多，其对胃粘膜的保护作用可能与其抗氧化作用有关。

（2）抗腹泻作用 。余甘果汁合剂对小儿腹泻具有良好的效果。其对部分病原菌有杀灭和抑制作用，尤其适用于小儿病毒性肠炎，对一般的细菌性肠炎有抗生素之效，治疗组和对照组对比有极显著意义，但对毒性较强的致病菌痢疾杆菌无效。因此，对一般的小儿腹泻用余甘子治疗颇为适宜。

10.免疫调节作用

（1）对非特异性免疫功能的调节作用 。余甘子能增强天然杀伤细胞的活性并有抗体依赖性细胞介导的细胞毒性（ADCC）效应。余甘子能增强接种了细菌性肝脓肿病毒（DLA）三天后小鼠脾脏的天然杀伤细胞（NK）的活性，其效果在接种后 3，5，7，9 天尤为显著。其 ADCC 效应在用药后 3，7，9，11，13 天表现突出。可见，余甘子能增强肿瘤动物的 NK 细胞或 K 细胞的活性。

余甘子还能诱生人体白细胞干扰素。采用细胞病毒抑制法测其效价，对照观察余甘子促诱生人体白细胞干扰素的作用，结果表明，不同含量余甘子液均有促诱生人体白细胞干扰素的作用，含量为 0.08g/ml 时，促诱生作用最强，提高率为 45.9%，其强度比黄芪弱，比板蓝根略强。

（2）对特异性免疫功能的增强作用。余甘子在体外对人体淋巴细胞无诱发 DNA 和染色体损伤作用，有提高细胞免疫和抑制细胞增殖的作用。余甘子在一定剂量范围内有促进人体细胞免疫功能的作用。细胞周期比率（尤其是第三周期比率）和增殖率指数反映了细胞有丝分裂的强弱，增殖能力的好坏。在一定剂量范围内，细胞周期比率（尤其是第三周期比率）和增殖率指数均随余甘子剂量增加而下降，并存在一定剂量效应关系，说明余甘子对人体细胞的增殖能力有一定的抑制作用。

由此可见，余甘子能增强机体免疫功能，提高人体抗病能力。

11.解毒作用

余甘子有解金属毒作用。《本草纲目》载“李旬曰：为末点汤服，解金石毒。宗爽曰：黄金得余甘则体柔，亦物类相感相伏也，故能解金石之毒。”重金属离子能与人体内含巯基的酶类相结合而使其失去活性，致使人体代谢发生障碍而中毒。近代研究表明，余甘子对铜，镍，钙，锌，铯，亚铁等金属有对抗作用，可以排除体内铜、镍等有毒金属。

其对抗作用可能与余甘子内含有的维生素 C 及没食子酸，鞣质等成分有关。维生素 C 是一种广泛的抗癌，抗畸变，抗裂变的有效成分。同时也是一种抗氧化剂，可以抑制化学变异。并能使体内的氧化型谷胱甘肽（GSSG）还原成还原型的谷胱甘肽（GSH）。GSH 可与重金属离子结合而排出体外。没食子酸、鞣质等成分具有酚酸性，易与某些金属相结合而对该金属起到清除作用。

12. 余甘子的抗菌作用

余甘子果实先用 80% 醇提取，再用醚提取，以盐酸酸化处理后，对葡萄球菌、伤寒杆菌、副伤寒杆菌、大肠杆菌及痢疾杆菌均有抑制作用而对真菌无作用。

13.余甘子的毒性

（1）急性毒性：余甘子 62.4g/kg，分 4 次，24 小时内给完，观察 7 天，除前 3 天内有 3 只小鼠活动减少，有竖毛现象外，其余均无异常反应。

（2）长期毒性：余甘子 3.6g/kg，7.2g/kg，10.8g/kg，灌胃大鼠，连续给药 6 天，肝肾功能无异常，表明余甘子连续给药对大鼠无任何明显的毒副反应。

三、余甘子的综合保健价值

余甘子是健身治病的药用植物，其果实在我国作为民间中药已有近两千年的历史。早在汉代，扬浮的《异物志》对余甘的药用价值已有专门的论述。以后《唐本草》、《海南本草》中记载的更加明确详细。《中药大辞典》对余甘子的药用价值阐述为“化痰、生滓、止咳、解毒、治感冒发热、咳嗽、咽痛、白喉、烦热口干”。古代医学大师李时珍在《本草纲目》中充分肯定了余甘子有“久服轻身，延年长生”的健身疗效。全世界十几个国家或民族在自己的传统药物体系中使用余甘 子。在这些传统药物体系中，余甘子与防治高血压、高血脂、抗衰老、保肝、健胃、美容、减肥、排金属毒、糖尿病等治疗功效有关。目前国内外许多专家正对其综合保健价值进行深入研究与开发。

1.余甘子的抗衰老作用

近年，余甘子的抗衰老作用受到人们的重视，研究表明，余甘子果中的维生素 C 的含量极高，达 500～1000mg/100g。维生素 C 在人体内不能合成，必须从果蔬中摄取，人均日需量 80～100mg，维生素 C 为水溶性维生素，化学性质活泼，加工中除沥滤损失外，对热、氧气、金属离子及碱环境敏感，极易破坏损失。而余甘子果实中的维生素 C 具有极高的稳定性，在高温 80～100℃ 下烘烤或在阳光下曝晒 20 小时，其维生素 C 仍旧保留在 90% 以上。

人类衰老的机理之一，随着“自由基学说”的发展得到初步阐明。这一学说认为，在人类衰老过程中，超氧阴离子自由基及脂质过氧化物（LPO）随着年龄增长而增加，而人体内的超氧化物歧化酶（SOD）的活力则逐渐下降。因此，可用 LPO 的增加和 SOD 活力的降低作为人体衰老的标志。超氧阴离子自由基对人体毒性很大，它是一种具有强氧化反应的化学物质，能启动一系列的自由基链锁反应，使生物膜组分中的多价不饱和脂肪酸氧化成过氧化脂质（LPO）及终产物丙二醛等。后者可与蛋白质、核酸等形成 schiff 碱，从而使生物大分子之间发生交联，形成交联多聚体，即脂褐素（俗称老年斑），从而导致衰老，并直接导致癌细胞生长及肺气肿，老年性白内障等疾病发生。而 SOD 则是 O_2 的清除剂，能催化超氧阴离子自由基的歧化作用成为分子氧和过氧化氢，从而减轻自由基对机体的危害。因此，SOD 具有抗衰老作用，其活力越强，越能延缓人体衰老过程。通过透皮试验和耐热、耐贮存试验表明，余甘子汁中含有小分子活性物质，它们活力较高，具有热稳定性和长期贮存不丧失活性的特点，这些活性物质，可透过皮肤，清除皮肤内部产生的超氧自由基，具有较高的抗氧化特性，可抗皮肤衰老和美容。

中国林科院资源昆虫研究所的刘风书等专家采用 SOD 抑制联苯三酚的自动氧化方法，测定余甘果中的 SOD，结果肯定余甘果中含有 SOD，而且每 1ml 鲜果汁含有的酶活力为 946.28 国际单位。通过对 15 位老人进行的临床试用表明，在服用余甘子汁两个月后，血液中超氧化物歧化酶（SOD）活力提高 13 倍，血浆中脂质过氧化物（LPO）含量下降。显示出余甘子果汁对提高人体红细胞 SOD 活性有十分显著的作用，增强了体内抗氧化能力。

2.余甘子抗癌作用

20 世纪 90 年代初，我国就开展了余甘子汁在体内阻断 N- 亚硝基化合物试验。N- 亚硝基化合物是一类强致癌物，与人类肿瘤的发生有密切的关系，该化合物特别是它们的前体——硝酸盐、亚硝酸盐及胺类广泛存在于食物及人类环境中。经不同实验表明，余甘子果具有明显的阻断作用，其效果明显优于同浓度的维生素 C。据有关专家报道，在模拟胃液条件下，余甘子果汁已有效地阻断 N- 亚硝基吗啉合成，其阻断率为 90.17%，而同浓度维生素 C 阻断率仅 23.90%。试验表明余甘子果汁、果粉在大鼠体内对 N- 亚硝基脯氨酸合成的阻断效果，其阻断率分别达 100% 和 96.29%，优于同浓度维生素 C。专家通过观察余甘子果汁和对我国胃癌高发区受试者内源性亚硝化的阻断作用，结果表明受试者体内过高的亚硝化水平已被余甘子果汁完全阻断，并提出在胃癌高发区合理饮用新鲜果汁就可对体内过高的亚硝化水平有较好的阻断作用，从而降低胃癌及其他肿瘤的发病率。

3. 余甘子对心脑血管疾病的作用

自 20 世纪 80 年代，心脑血管疾病已占我国死亡原因的第一位。由于人们生活水平的不断提高，体力劳动强度下降，使各种心、脑血管疾病的危险因素如血压、体重、血清总胆固醇、三酰甘油等逐步升高，而对预防心、脑血管疾病有利的保护因素如血清高密度脂蛋白胆固醇却逐步降低。有关专家开展了不同质量分数的余甘子果汁对大鼠血液血脂水平、SOD 活性、LPO 及小鼠耐缺氧能力的研究，结果表明，高脂饲养可致大鼠发生高脂血症，总胆固醇和高密度脂蛋白胆固醇值明显升高，而每日给予较大剂量的余甘子汁灌胃，可显著降低高脂血症动物的总胆固醇值和高密度脂蛋白胆固醇值，并可提高血清 SOD 活性，降低 LPO 水平。余甘子灌胃能延长小鼠心脏耐缺氧时间。另外，余甘子种子中所含的亚油酸、亚麻酸都具有降低血液中的甘油三脂、调节胆固醇、软化血管、治疗及预防动脉硬化等疾病的功效。以上实验结果表明了余甘子对防治人类心、脑血管疾病的重要性。

第四节　黑加仑

黑加仑学名黑穗醋栗（Black currant），别名黑豆果，哈萨克语“卡拉哈特”，是虎耳草科，茶藨子属小灌木，其果实为黑色小浆果，株丛高 1.4m 左右，株丛直径 1.2m 左右，其生长的最优地理区域为北纬 45° ~ 54° ，寿命可达 50 年之久，结果盛产期 30 年。黑加仑的野生种分布在欧洲和亚洲。16 世纪开始在英国、荷兰、德国驯化栽培，至今只有 400 余年历史。有关黑加仑栽培的首次记录，出自英国 17 世纪初的药物志上，因为它的果实和叶片的药用价值而受到重视。1629 年英国人以种子的形式将黑加仑带到美洲。1852 年美国果树学会杂志上第一次出现黑加仑的记述。1925 年 Hedrick 描述了黑加仑的 61 个品种的特性。后来发现黑加仑是北美乔松锈病的中间寄主，而北美乔松是美国的主要森林树种之一。因此，黑加仑在美国被禁止栽培。19世纪初栽培种黑加仑从北欧引入俄罗斯，在西伯利亚、阿尔泰地区、乌拉尔等寒冷地区大规模栽培。20世纪初，俄国侨民把黑加仑引入我国，在黑龙江省的哈尔滨、面坡、帽儿山等地栽培。其果实含有丰富的糖、有机酸、多种维生素、活性物质、丰富的矿物质及特殊芳香成分，具有很高的营养价值和药用价值。黑加仑果实90%用于加工。二战后，尤其是20世纪70年代以来，随着世界经济的发展，人民生活水平的提高，果品加工业迅猛发展。黑加仑风味独特、营养丰富，具保健医疗功能，其加工制品深受消费者喜爱，产品畅销。由于黑加仑具有众多的独特本质，因此在饮料工业和医药方面有着相当重要的作用，是进行酿酒、提取天然色素以及生产保健化妆品、保健药品和保健食品的上等原料，具有很强的产业延伸能力。

一、黑加仑的营养成分

黑加仑现在正受到众人的普遍重视，受到商家的青睐，经过有关科研机构研究表明：

（1）人体从植物中摄取的18种氨基酸在黑加仑果实中俱全；黑加仑鲜果中含有大量的 维生素A、B、C、D、E、F、P族等，尤其是维生素C的含量高于绝大多数水果，比苹果、桃和葡萄的含量要高出几倍至上百倍；含有较高比例的矿物质钙、镁、钠、钾、铁、磷和锌等，其中钙的含量为水果之冠，对幼儿及老年补充钙质十分合适。

（2）肉类食品在人体新陈代谢过程中易产生有酸性作用的物质，为防止这种酸性物质在人体内积累并对人体造成损害，需要有碱性物质的食物与之中和。由于黑加仑果汁中含有丰富的矿物质和维生素 C，从而保持并协调了人体组织的 PH 值的正常，维持了血液和其他体液的碱性特殊性特征。

（3）黑加仑果汁中含有相当多的钾盐和镁盐。钾盐的主要功能是加强肌肉的兴奋性，稳定心肌肉细胞膜，改善心律失常；镁盐对高血压和心肌梗塞有一定的预防和治疗作用。人们脑力或体力超负荷时，进入血液中的一种荷尔蒙“可的松”物质可以造成心肌坏死。经医学专家临床证明，饮用含钾和镁的饮料可以抑制“可的松”的生成，故对心脏病患者有一定的保健作用。黑加仑对人们的天然保健作用与药用价值已得到人们的广泛认同。由于黑加仑和人们的健康水平息息相关，因此，其产品在国际市场上享有很高声誉，深受消费者好评。

黑加仑的营养成分

成分名称	含量	成分名称	含量	成分名称	含量
可食部分	100	水分（g）	82	热量（kJ）	264
能量（kJ）	266	蛋白质（g）	1.4	脂肪（g）	0.4
碳水化合物（g）	15.4	膳食纤维（g）	2.4	胆固醇（mg）	0
灰份（g）	0.9	维生素 A（mg）	0	胡萝卜素（mg）	0
视黄醇（mg）	0	硫胺素（μg）	0.05	核黄素（mg）	0.05
尼克酸（mg）	0.3	维生素 C（mg）	181	维生素 E（T）（mg）	0
a–E	0	（β－γ）–E	0	δ –E	0
钙（mg）	55	磷（mg）	59	钾（mg）	322
钠（mg）	2	镁（mg）	24	铁（mg）	1.5
锌（mg）	0.27	硒（μg）	0	铜（mg）	0.09

注：上述成分含量是指每 100g 黑加仑中的含量。

二、黑加仑的保健作用

黑加仑鲜果中含有较高量的生物类黄酮（Biotlavonoids）。

（1）生物类黄酮对毛细血管的脆性和渗透性有改善作用。当毛细血管因脆性增高而破裂或者渗透压过大时，血液则可由血管出来进入细胞间隙，轻则引发牙龈出血、视网膜出血、青光眼、妇女月经过多、静脉曲张、痔疮和糖尿病等疾病，重则出现脑出血。生物类黄酮能降低血清胆固醇，降低动脉硬化程度，使变脆的血管软化变薄，改善血管的通透性，能预防动脉粥样硬化。

（2）生物类黄酮是食物中有效的抗氧化剂，作为延缓衰老的物质其作用仅次于维生素 E。

（3）生物类黄酮还具有阻断亚硝胺的生成作用。人体试验表明，每天饮用 20ml 的黑加仑原汁，具有阻止人体摄入 30mg 的硝酸盐所致的体内亚硝酸胺合成的作用。

（4）生物类黄酮的防癌作用表现在两方面：一是对恶性细胞的抑制（即停止或抑制其增长）；二是从生化方面保护细胞免受致癌物的损害。

（5）生物类黄酮具有抗生素和抑制细菌的作用，可增强抵抗传染病的能力，增强人体的免疫力。此外，生物类黄酮不但具有有效的抗氧化作用，而且对抗坏血酸也有增效作用。黑加仑籽油中含有 n–3 型、n–6 型多烯脂肪酸和维生素E、乙酸酯，这些营养成分具有防治心脑血管疾病的作用和抗癌活性，同时有很强的防癌保健效用。另外，研究人员从黑加仑籽中提取的天然油脂中突破性地发现了α－亚麻酸和γ－亚麻酸，尤其γ－亚麻酸是一种少见的特殊不饱和脂肪酸，在自然界中分布很少，一般植物油中是不存在的。这两种不饱和脂肪酸既是人体必需的，又是人体不能自身合成的，必须从外界营养摄取。经临床研究发现，这两种亚麻酸不但具有抑制血小板聚集、降低血压、软化血管、降低血脂、预防和治疗心脏血管疾病的作用，而且还具有较强的抗癌、防癌（乳腺癌、直肠癌等）作用，对防止肿瘤发生、延缓衰老、调节人体生理功能、增加免疫能力有显著功效，同时还有美容、减肥作用。黑加仑的显著保健效果，使得无数营养及保健师、医学家目光集中在它身上，这无疑成为黑加仑产区的又一经济增长点。

三、黑加仑的开发前景

近年来，随着人们对黑加仑营养成分及保健作用的深入研究，尤其是当前生物工程加工手段的进步，黑加仑产品的国际贸易量不断增加，价格持续走高，这预示着黑加仑具有很高的经济价值和广阔的市场前景。我国利用黑加仑酿造果酒、果汁等产品的企业主要分布在新疆和东北地区，其中，新疆三台酒业有限公司从1996 年开始就确立了发展黑加仑酒的战略规划。如今，新疆三台酒业公司已经把发展黑加仑酒作为未来的主导产品，通过实施技术创新体系，做大做强黑加仑产业，推进当地山区农业经济结构的调整。目前，三台酒业所在的昌吉州吉木萨尔县政府依托三台酒业，引导山区农民大面积移种黑加仑果树，准备在 3 年内建成 10000 亩的黑加仑种植基地，产品全部由三台酒业收购。新疆维帝食品有限责任公司、黑龙江伊春市山野饮品有限公司、吉林省吉林市银河酒厂、黑龙江省横道河子酿酒总厂等企业也都把黑加仑果酒作为主要发展方向，产品市场反映良好。

1.食品开发

我国黑加仑种植业主要在黑龙江省。进入 80 年代后，种植面积快速发展，加工业也相应的发展，1985 年，黑龙江省黑加仑面积达 12 万亩，加工业以果酒为主，全省有黑加仑酒厂 18 座，加工能力 2.5 万 t。小型果汁、果酱加工厂 43 处，果糖加工厂 2 座。但总体上是加工业滞后，设备陈旧，技术落后，产品质量不高，内销为主。

1985～1998 年，黑龙江省黑加仑产业发展迅猛，种植面积达 27 万亩，加工业以浓缩汁为主。全省共有 50 多座较有规模的加工厂，其中包括 6 座以补偿贸易形式建立起来的中外合资大型浓缩汁加工厂，生产的浓缩汁大部分销往欧美和日本。由于种植业发展过快，加工业滞后，再加上其他一些原因，导致黑加仑产业路遇险阻，步入低谷。经过几年调整，近两年形势好转，主产品浓缩汁销路畅通，每吨售价由原来的 3 万元激增到 5 万多元。

2.药物开发

黑加仑是一种重要的药用植物。400 多年前人们就发现黑加仑是治疗扁桃腺炎的良药。随着科学技术的发展，黑加仑的药用价值越来越受重视，药物开发和药理研究开展的越来越广泛。据初步掌握的材料，我国对黑加仑进行药理研究的单位有中国军事医学科学院、哈尔滨医科大学、解放军 208 医院、黑龙江中医学院、新疆医科大学、黑龙江参美集团公司等。以黑加仑为原料生产的药物有：黑龙江中医学院的“黑加仑油软胶囊”、哈尔滨医科大学“BCFA-E”。最令人振奋的是黑龙江参美集团、香港森怡企业公司和北京同仁堂联合研制的“天赐康降血脂胶囊”在国内外引起巨大反响。“天赐康”被人们称为“生命之花”、“血脑血管疾病的第一天敌”。国家科委给予高度重视，并荣获第二届中国科技之星国际博览会金奖，为黑加仑的药物开发展现出光辉前程。

第五节 蓝莓

蓝莓（Blueberry），意为蓝色的浆果之意。杜鹃花科（Ericaceae）越橘属（Vaccinium spp.），物种名称：越桔，中文名：笃斯越桔，别名：笃斯、笃柿、嘟嗜、都柿、甸果。

蓝莓是一种低灌木，矮脚野生，颗粒小；一种小浆果，果实呈蓝色，色泽美丽、悦目、蓝色并被一层白色果粉包裹，果肉细腻，种子极小。蓝莓果实平均重 0.5～2.5g，最大重 5g，可食率为 100%，甜酸适口，且具有香爽宜人的香气，为鲜食佳品。全世界分布的越橘属植物可达 400 余种，原产和主产于美国又被称为美国蓝莓。我国主要产在大兴安岭和小兴安岭林区尤其是大兴安岭中部，而且都是纯野生的。近几年来才成功进行人工驯化培植。蓝莓果实中含有丰富的营养成分，它不仅具有良好的营养保健作用，还具有防止脑神经老化、强心、抗癌、软化血管、增强人机体免疫等功能。由于其具有较高的保健价值，如今风靡世界，是世界粮农组织推荐的五大健康水果之一。

一、蓝莓营养成分

蓝莓果实中除了常规的糖、酸和维生素 C 外，富含维生素 E、维生素 A、维生素 B、SOD、熊果苷、蛋白质、花青苷、食用纤维以及丰富的 K、Fe、Zn、Ca 等矿物质元素。据对从美国引进的 14 个品种的蓝莓果实分析测定，每 100g 蓝莓鲜果中花青苷色素含量高达 163mg，蛋白质 400 ~ 700mg，脂肪 500 ~ 600mg，碳水化合物 12.3 ~ 15.3mg，维生素 A 高达 81~100 国际单位，维生素 E 2.7 ~ 9.5 μg，SOD 5.39 国际单位，维生素 B 等都高于其他水果。微量元素也很高，每 1g 鲜果中钙 220 ~ 920 μg，磷 98 ~ 274 μg，镁 114 ~ 249 μg，锌 2.1 ~ 4.3 μg，铁 7.6 ~ 30.0 μg，锗 0.8 ~ 1.2 μg，铜 2.0~3.2 μg。

二、蓝莓的保健功效

1.预防癌症

癌症是因自由基毁坏遗传物质（DNA）而导致的。蓝莓果实中含有的花青苷色素能保护遗传物质，间接的帮助我们对抗癌症，而且是长期的。另外，花青素（Anthocyanosides）清除自由基的功效，亦可让癌细胞无法顺利扩散，借此保护更多健康的细胞免于被癌细胞侵蚀。有些癌症透过溶解组织和细胞的物质形成肿瘤，这些癌细胞产生溶解脢和蛋白脢，而原花青素 OPC 能保护蛋白质不受蛋白酶的影响。例如乳腺癌的致病机制便是如此，因此服用 OPC 对于乳腺癌的发展会有很好的抑制作用。

2.抗氧化

国际毒理学等权威杂志报道，自由基可引发 100 多种疾病，包括各种癌症、心脑血管疾病、动脉硬化、衰老、糖尿病等。如果解决了自由基对人体的侵害问题，那么人体的细胞就可以真正自由成长，人的寿命长短直接取决于人们抗氧化、抗自由基能力的强弱，提高抗氧化、抗自由基能力将为人们增寿、活到百岁以上提供了更多的机会与可能。

蓝莓含有大量生理活性物质，被称为果蔬中“第一号抗氧化剂”，能保护细胞，避免受过氧化物的破坏，它具有防止功能失调、改善短期记忆、提高老年人的平衡性和协调性等作用。美国人类营养研究中心发现蓝莓是花青素含量最丰富的水果，蓝莓在 40 余种果蔬中的抗氧化能力排名第一。

1986 年，马斯魁勒就花青素的自由基清除剂功能在美国申请了专利，花青素作为一种抗氧化功能食品正式进入美国市场，花青素的应用范围越来越大。实验应用证明，目前已发现花青素对近 100 多种疾病具有直接或间接的预防治疗作用。花青素能激活免疫系统，使血清免疫球蛋白免受自由基的侵害，激活巨噬细胞，增强人体的免疫力。

过去，由于人类常受传统疾病如肺病、感染等病症的困扰，抗生素的研究曾是人们研究的重点，后来，由于人类保健意识的提高，维生素的研究又列为人们研究的重点课题，可以说人类是从抗生素的时代进入了维生素的时代。但是现在人们发现，尽管抗生素和维生素的研究已经非常深入，但也解决不了诸如心脑血管疾病、糖尿病、癌症等现代疾病以及亚健康状况的改善，更不能解决人们延年益寿、抗衰老的问题，而这些问题的存在都与自由基对人体的侵害有关。

加州大学戴维斯分校风湿病学、过敏、临床免疫学系的系主任盖希文（EricGershiwin）教授说："从这些组织介素（cytokine）的增加来看，显示花青素是抵抗细胞内病原体、寄生生物的有力物质。"以动物为对象的其他研究，也支持花青素有助于提高身体抗病力的说法。研究人员以猫为对象，发现它可以提升某些细胞吞噬有害细菌的能力；以鸡为对象，则发现鸡的抗体反应升高。花青素提高免疫力的作用已得到整个医学界的公认。

美国 Tuft's 大学，Dr. James Joseph 曾主持了一个著名的动物试验。让老白鼠同时吃下蓝莓、草莓和菠菜等蔬果后，结果显示：运动神经功能、记忆和认识力等都得到比较高的分数，其中以蓝莓最为有效。蓝莓中含有很丰富的天然抗氧化物（phytochemical），能够抵抗氧化压力，延缓神经细胞的老化，避免受过氧化物的破坏。研究中更令人兴奋的发现是：有些因老化而引起的记忆与协调缺陷，由于补充了含丰富天然抗氧化剂的蓝莓萃取物，竟能将这些缺陷变成可逆的。蓝莓果实中含有丰富的营养保健成分，使蓝莓在世界各国均作为营养保健果品开发生产。

据美国、日本、欧洲科学家研究，经常食用蓝莓制品，可明显地增强视力、消除眼睛疲劳，营养皮肤，延缓脑神经衰老，对由糖尿病引起的毛细血管病有治疗作用，增强心脏功能，预防老年痴呆。

3.增进视力

医学临床报告显示蓝莓中的花青素可促进视网膜细胞中视紫质（Rhodops）的再生成，可预防重度近视及视网膜剥离，并可增进视力。

医学家发现大部分的眼睛问题，都是来自于视网膜、眼球骨胶质和眼球压力出了状况所导致。而这些状况的发生，可追溯到眼部的血液循环问题。随着年龄的增加、新陈代谢变差、过度的使用眼睛，造成体内自由基的破坏、血液循环不良、眼部的微血管通透性产生异常。因此属于末梢器官之一的眼球，在得不到充足的养分时，眼球的骨胶质便会减少，进而影响到眼球的弹性，使得眼球容易变形、弹性下降，造成视力的异常。血液循环不良，会使体液蓄积在眼球，造成不正常的压力，使眼压过度升高，导致眼睛疼痛、酸涩，严重者更会造成眼睛组织破坏，导致青光眼、白内障的发生。因此，蓝莓中特有的花青素抗氧化成分，便被人们用于维系血管的完整、强化微血管的弹性、促进血液循环、维系正常眼球压力，以纾解广泛的眼睛问题。另外，花青素是强效的抗氧化剂，可维持正常的细胞连结、血管的稳定、增进微细血管循环、提高微血管和静脉的流动。在蓝莓的成熟紫黑色浆果中，有超过 15 种的花青素的成分，能有效抑制、破坏眼部细胞的酵素。

花色素可以提高在昏暗灯光下的视力。这对于夜间驾车者，长时间注视屏幕的人等都有帮助。花色素对眼睛有益之所以引起科学家广泛的研究，起因于在二次大战时英国皇家空军飞行员在进行夜间轰炸飞行任务前，会配给含有蓝莓的饮食。研究显示：蓝莓中的花青素能够加速视紫质再生的能力，以促进视觉敏锐度，这对于常需要目测飞行、视力要求十分严苛的飞行员来说是一大帮助。大战结束之后，人们对蓝莓的相关研究扩展至血管的保护以及其他的范围。人们利用蓝莓成熟浆果中含量丰富的花青素（Anthocyanosides），广泛应用于多方面的状况，包括了坏血病、泌尿系统方面的感染、肾结石、动脉粥样硬化、白内障、眼底黄斑组织变质、夜盲症、视网膜病变、静脉曲张、长期糖尿病患者的血管病变。

4.口服的皮肤化妆品

蓝莓在欧洲，被称为“口服的皮肤化妆品”，可防止皮肤皱纹的提早生成，是目前自然界最有效的抗氧化物质。它不但能防止皮肤皱纹的提早生成，更能补充营养及消除体内有害的自由基。

皮肤属于结缔组织，其中所含有的胶原蛋白和弹性硬蛋白对皮肤的整个结构起重要作用。蓝莓中的花青素（Anthocyanosides）是天然的阳光遮盖物，能够阻止紫外线侵害皮肤。芬兰的艾斯蒂博士（Dr.A H Arstilla）在实验中发现，太阳可以杀死人类 50% 的皮肤细胞，但是如果用 OPC 加以保护，则大约有 85% 的皮肤细胞可以幸免于死。

花青素（Anthocyanosides）能够修复受伤的胶原蛋白（Collagen）和弹性纤维(Elastin Fibers)。这主要是因为花青素（Anthocyanosides）对皮肤的作用扮演着双重角色：一方面它可促进胶原蛋白形成适度交联;另一方面，它作为一种有效的自由基清除剂，可预防皮肤“过度交联”这种反常生理状况的发生，从而也就阻止了皮肤皱纹和囊泡的出现，保持皮肤的柔顺光滑。花青素（Anthocyanosides）可以阻止弹性蛋白酶的产生并抑制其活性阻止自由基或弹性硬蛋白酶降解弹性硬蛋白，从而从内部改善皮肤的健康状况，因而改善皮肤弹性、减少皮肤病和皱纹，甚至消除疤痕、祛除色斑、美白肌肤。因此，花青素（Anthocyanosides）由内而外的双重保护作用，可以防止皮肤皱纹的早期出现，并且使皮肤长期光滑，富有弹性。

5.刺激一氧化氮（NO）的合成，改善男性勃起质量

一氧化氮是引起阴茎勃起的血管扩张物质，在改善阳痿过程

中起决定性作用。即来自上皮的松弛因子或来自神经末稍的物质能释放一氧化氮促进勃起，而一氧化氮合成酶抑制剂则干扰刺激海绵体神经所引起的勃起，而在盆神经丛和阴茎神经纤维中含有一氧化氮合成酶，一氧化氮比前列环素具有更强有力的抗血小板作用，它能防止血液在勃起过程中在血窦内停留时发生凝固。所以能够释放一氧化氮的药物将是治疗阳痿的重要候选药物，特别是当血窦血管内皮存在损伤的情况下更有意义。蓝莓的有效成分花青素（Anthocyanosides）能通过血管内皮细胞来刺激一氧化氮（NO）的合成。

6.清除体内有害的自由基

自由基是造成老化及诸多疾病的重要原因之一，据估计大约 80%–90% 的老化性，退化性疾病都与自由基有关，其中包括癌症、老年痴呆症、帕金森氏症、皮肤黑斑沉积、白内障、心脏病等。所以消除有害的自由基对于保持身体的健康和年轻至关重要。有资料证实，维生素在到达起效部位之前就被氧化而部分失去活性，花青素能保持并增强维生素在人体内的活性，是维生素的增效剂。蓝莓花青素属小分子、水溶性物质，口服剂型，易被人体快速吸收，能在口服 45 分钟后快速进入人体各个组织器官。花青素在人体内有较好的生物利用率，对结缔组织亲和力强，在酸性环境下稳定，半衰期长，可达 27 小时，功效持久。蓝莓的安全性好已经国家权威部门检测并认定。根据实验显示：一个约 70kg 的人即使连续半年每日服用 35g 的花青素也未发现不良反应。而花青素对抗自由基的能力比维生素 E 强 50 倍，比维生素 C 强 20 倍。

7.改善睡眠

随着人们生活节奏的加快和工作压力的加大，人们正常的生物钟也会不时的发生改变，比如连续的加班加点等，使得人们的生活习惯不得不接受改变，于是往往会产生睡眠不足的问题。使人们得不到充足的休息，导致人体免疫调节功能下降，内分泌功能紊乱，体内产生大量的自由基。正是人体免疫功能下降，使得自由基的活性增强，使其能够持续破坏包裹在神经上的髓磷脂并使之硬化，导致抗氧化物酶——谷胱酞过氧化酶的活力水平降低，引起脑神经的变态反应。蓝莓花青素（Anthocyanosides）具有深入细胞保护细胞膜不被自由基氧化的作用，具有强力抗氧化和抗过敏功能，能穿越血脑屏障，可保护脑神经不被氧化，能稳定脑组织功能，保护大脑不受有害化学物质和毒素的伤害。这一作用就证明了为什么人们服用了蓝莓后感觉头脑大为清醒，睡眠得到彻底改善的根本原因。

8.减少组织发炎

蓝莓花青素能够通过抑制保护腺素、细胞分裂素、组织胺、脂肪氧化酶、环氧化酶等，而减少组织发炎。

9.减少过敏和过敏反应

蓝莓花青素能够减少组织胺的释放，同时促进体内已过剩的组织胺重新储备进细胞，还可抑制肥大细胞去除肉芽（degranulation），从而缓解过敏、气喘、花粉热等症状。在欧洲，如果遇到过敏等不适，大多数医生首先推荐的即为“花青素”。

10.加固血管，改善循环

蓝莓花青素能够改善血液循环，恢复失去的微血管功效，加强脆弱的血管，因而使血管更具弹性。原花青素被称为“动脉粥样硬化的解毒药“（Atherosclerosis Antidote）。对于静脉功能不足者，原花青素能有效地减轻疼痛、浮肿、夜间痉挛等症状，所以欧洲的医生通常会建议静脉曲张的病人食用富含花青素

（Anthocyanosides）的食品——蓝莓。

三、蓝莓应用价值

由于营养丰富，蓝莓现在被越来越多的人所熟知，近几年，蓝莓市场逐渐打开，大兴安岭地区的野生蓝莓资源优势已经转化为产业优势，目前在大兴安岭地区，培育蓝莓加工企业达到了 50 多家，蓝莓果酱、饮料、蓝莓果酒等 142 种蓝莓系列产品已经在市场上出现。

蓝莓除用在果冻、果酱之外，也会加入面粉中烘焙，是许多点心与佳肴的成分之一。蓝莓果酱是由蓝莓、糖、水与果胶所组成的果酱，顶级的蓝莓果酱在加拿大与美国出产，采用野生蓝莓，虽然其体型较小，也不易收成，但口感较好。野生蓝莓主要产地在美国缅因州、加拿大安大略省西北以及魁北克的圣约翰湖区（Saguenay-Lac-Saint-Jean）。

第六节 白花蛇舌草

白花蛇舌草（学名：Hedyotis diffusa）又名蛇舌草、甲猛草、舌针草、白花十字草等，是茜草科耳草属的植物。分布在日本以及中国大陆的南方等地，生长于海拔 1800m 的地区，多生长于山地岩石上，目前尚未有人工引种栽培。其中成药味苦、淡，性寒。主要功效是清热解毒、消痛散结、利尿除湿。尤善治疗各种类型炎症。在临床实践中，发现白花蛇舌草若配伍得当，可治疗多种疾病。

一、白花蛇舌草营养成分

白花蛇舌草其性寒，味苦、甘，归胃、大肠、小肠经，具有清热解毒、消肿止痛的功能。临床应用广泛，主治恶性肿瘤、胃肠炎、阑尾炎、泌尿系感染、扁桃体炎、肺炎等病症，外用治疗毒蛇咬伤、痈肿疮疖等症。

白花蛇舌草主要含有蒽醌类、萜类、黄酮类、甾醇类、烷烃类、有机酸类、多糖类、生物碱、白花蛇舌草素、强心苷等成分，还含有一些微量元素、氨基酸及挥发性成分。

（1）蒽醌类化合物：2- 甲基 -3- 羟基蒽醌、2- 甲基 -3- 甲氧基蒽醌、2，3- 二甲氧基 -6- 甲基蒽醌；2- 甲基 -3- 羟基 -4- 甲氧基蒽醌、2- 羟基 -1- 甲氧基蒽醌、2- 羟基 -1，3- 二甲氧基蒽醌、2- 羟基 -3- 甲基 -1- 甲氧基蒽醌、2- 羟基 -7- 甲基 -3- 甲氧基蒽醌、2，6- 二羟基 -1- 甲氧基 -3- 甲基蒽醌哺、2，6- 二羟基 -3- 甲基 -4- 甲氧基蒽醌。其中 2，6- 二羟基 -1- 甲氧基 -3- 甲基蒽醌及 2，6- 二羟基 -3- 甲基 -4- 甲氧基蒽醌为新化合物。

（2）萜类化合物：目前从白花蛇舌草中分离得到的萜类化合物包括三萜化合物以及环烯醚萜化合物两大类。

（3）甾醇及其苷类化合物：β－豆甾醇、β－谷甾醇、β－谷甾醇－β－D－葡萄糖苷、豆甾醇、豆甾醇 -5,22- 二烯 -3β-7α－二醇、豆甾醇 -5，22- 二烯 -3β-7β－二醇。

（4）黄酮和黄酮醇苷类：穗花衫双黄酮、3- 甲氧基 -5,7- 二羟基-英酮醇、槲皮素等。

（5）含酸的化合物：对香豆酸、车叶苷酸、乙酰车叶苷酸、土当归酸、京尼平苷酸、都槲子酸等。

（6）多糖类：白花蛇舌草多糖的含量为 22.34%，含有葡萄糖、半乳糖、木糖和阿拉伯糖。

（7）微量元素：周建波等发现该草含有 Fe，Mn，Mg，A1，Si，Ca，Ti 等七种元素。

（8）挥发性成分：挥发油成分以脂肪酸及脂肪酸酯类为主。其中肉豆寇酸、十五酸、十六酸、十八酸、亚油酸为主要成分。

（9）其它：生物碱、强心苷、芦丁、白花蛇舌草素(香豆精类化合物)、二甲醚衍生物、东莨菪内酯、胡萝卜素等。

二、白花蛇舌草的保健作用

1.对免疫功能的作用

机体的免疫分为细胞免疫和体液免疫即非特异性免疫和特异性免疫，高超等研究发现白花蛇舌草不仅可提高荷瘤鼠细胞免疫功能，同时对 B 细胞介导的体液免疫具有增强作用，其机理可能为白花蛇舌草清除脾脏产生过量的活性氧，减轻脾细胞内线粒体等细胞器损伤，并促进脾细胞增殖，从而提高荷瘤鼠免疫功能。王宇翎等发现白花蛇舌草总黄酮能促进免疫功能低下小鼠的脾淋巴细胞的增殖反应，并提高小鼠血清白细胞介素（IL-2）和干扰素（IFN-γ）的含量；白花蛇舌草总黄酮可以促进免疫功能低下小鼠脾脏 IgM 抗体形成，并升高抗肿瘤药物（环磷酰胺或阿糖胞苷）所致的小鼠白细胞减少，表明白花蛇舌草总黄酮具有增强机体特异性免疫和非特异性免疫功能的作用。吴厚铭等研究表明白花蛇舌草中提取的多糖具有显著的增强免疫活性作用。

2.抗化学诱变作用

白花蛇舌草具有明显的抗诱变活性，对黄曲霉素 B1 及苯并吡引起的染色体突变回复有明显抑制作用，并能抑制黄曲霉素 B1 与 DNA 的结合，抑制其生物转化，且白花蛇舌草抗诱变作用有一定的量效关系。

3.抗肿瘤作用

高超等发现白花蛇舌草可抑制人的宫颈癌细胞的生长，其效果与药物的浓度和作用的时间相关。倒置显微镜下癌细胞出现细胞凋亡的形态学改变，流式细胞仪检测到凋亡峰，表明一定浓度的白花蛇舌草对人的宫颈癌细胞具有抑制增殖和诱导凋亡的作用。苏春燕等用白花蛇舌草水提取物对抗环磷酰胺模型小鼠的白细胞减少，对白细胞的回升有一定的促进作用。王顺启等把白花蛇舌草作用于肝癌细胞后 36 小时，观察到有1个基因的表达上调，14 个基因的表达下调，证实白花蛇舌草对肝癌细胞的作用是通过影响多基因的表达改变实现的。

4.抗菌抗炎作用

边才苗研究结果证明白花蛇舌草对金黄色葡萄球菌、大肠杆菌、绿脓杆菌有杀灭作用，以乙醇提取物为最好，丙酮提取物其次，水提取物最差。对白色念珠菌的抑杀作用以水提取物最好，乙醇和丙酮提取物的差别不大。另有研究表明白花蛇舌草高浓度水煎剂对兔实验性阑尾炎有较好疗效。王宇翎等研究发现白花蛇舌草总黄酮对二甲苯诱导的小鼠耳肿胀和醋酸所致小鼠毛细血管通透性增高有一定的抑制作用；白花蛇舌草总黄酮对大鼠松节油气囊肉芽增生和新鲜蛋清诱导大鼠足爪肿胀亦有明显的抑制作用；在体外，白花蛇舌草总黄酮对球菌和杆菌均具有不同程度的抑菌和杀菌作用,且对球菌的作用优于杆菌。表明白花蛇舌草总黄酮具有抗炎及抗菌作用，有实验证明白花蛇舌草能提高网状内皮系统的吞噬功能，刺激网状内皮细胞增生，增强吞噬细胞的活力。

5.抗氧化作用

高超等研究发现白花蛇舌草具有抗氧化损伤作用，可减轻化疗药物引起的荷瘤鼠正常组织的副损伤。王转子等对白花蛇舌草多糖的研究发现白花蛇舌草多糖在一定的剂量范围内对脂质过氧化有明显的抑制作用，对负氧自由基有明显的清除作用，对 SOD 活力影响明显，且与剂量关系不大。于新等研究了白花蛇舌草的水、乙醇、丙酮、氯仿、乙醚、石油醚提取物在花生油中的抗氧化活性及有效成分，结果显示这 6 种溶剂的提取物均有抗氧化作用，以丙酮提取物的抗氧化作用最强。白花蛇舌草提取物的抗氧化成分以黄酮、萜类、蒽醌类、酚类化合物为主。

6. 其他作用

白花蛇舌草还具有神经保护、安定降温、抑制精子生长、调节胃肠功能等作用。其成分谷甾醇有镇咳祛痰作用并能降低胆固醇。

三、白花蛇舌草开发前景

恶性肿瘤是目前危害人类生命健康的严重疾病之一。世界卫生组织统计资料表明，全球癌症每年发病 1000 万人，死亡 700 万人,是仅次于心血管病的人类第 2 号杀手。从中药中筛选抗肿瘤药是目前研究的热点。白花蛇舌草是我国传统中药，不仅有抗菌作用,还对单核巨噬细胞系统吞噬功能有影响； 不仅有增强肾上腺皮质功能作用， 而且还有抗肿瘤作用。综合来看, 白花蛇舌草提取物能明显促进小鼠脾淋巴细胞的增殖, 对机体正常细胞几乎无毒性作用， 这使白花蛇舌草提取物具有临床应用的广阔前景。同时, 利用白花蛇舌草多糖的免疫增强作用及抗肿瘤作用，可加强白花蛇舌草的制剂研究, 开发有保健、免疫增强作用的制剂，以更好地为人类健康服务。有的企业例如广东宝山堂制药有限公司现已开发出白花蛇舌草冲剂等一系列保健品。若以白花蛇舌草煲鸡肝，虽略带中药的淡香气味，有祛瘀、疏肝、消肿的作用，为肝炎患者的夏日调理汤品，亦是合适肝癌及良性肿瘤者的辅助治疗汤饮。

第三章　野生食用植物与心脑血管疾病

所谓心脑血管就是心脏血管和脑血管的疾病统称。随着生活水平的提高和生活节奏的改变，被称为“富贵病”的“三高症”（即高血压、高血糖和高血脂），60 岁以上老年人中 40% ~ 45% 患有高血压的同时还患有高血糖或高血脂，根据卫生部 2007 年统计数字，国外的资料显示，50% 左右的糖尿病人都合并有高血压、高血脂等多种老年疾病。

1.心脑血管疾病的危害

心脑血管疾病是一种严重威胁人类，特别是 50 岁以上中老年人健康的常见病，即使应用目前最先进、完善的治疗手段，仍有 50% 以上的脑血管幸存者生活不能完全自理！全世界每年死于心脑血管疾病的人数高达 1500 万人，居各种死因首位。心脑血管疾病已成为人类死亡病因最高的头号杀手，也是人们健康的“无声凶煞”！

心脑血管疾病具有“发病率高、致残率高、死亡率高、复发率高，并发症多”—“四高一多”的特点。目前，我国心脑血管疾病患者已经超过 2.7 亿人！

我国每年死于心脑血管疾病近 300 万人，占我们国每年总死亡病因的 51%，而 75% 的幸存患者不同程度丧失劳动能力，40% 重残！

我国脑中风病人出院后第一年的复发率是30%，第五年的复发率高达59%。而二级预防做得较好的美国仅为10%。由于我国医疗保险覆盖人群小，脑中风病人的复发率与国际平均水平相比要高出1倍!

2.心脑血管疾病的成因

由于长时间饮食习惯问题，饮食中脂类过多，醇类过多，同时又没有合理的运动促进脂类醇类的代谢，导致体内脂类醇类物质逐渐增多。加上随着年龄增长，人体分泌抗氧化物酶能力减低，导致体内自由基水平升高，使血脂中的低密度脂蛋白胆固醇氧化后沉积在血管壁，久之使毛细血管堵塞，随着时间的推移，脂类醇类物质容易和体内游离的矿物质离子结合，形成血栓。血栓容易在血管的拐角处，或者瓶颈处堆积，钙化。同时血栓越来越多，使血管直径缩小。心脏为了保持足够的供血量，就增加血压，造成高血压疾病。如果血压过高，可能导致血管崩裂，于是产生出血性心脑血管疾病。如果由于堵塞供血不足，即为缺血性心脑血管疾病。

所以心脑血管病是人类尤其是老年人减寿的主要杀手。如何预防心脑血管病的发生，提高老年人生活质量已成为当今人们关切的热点。

要防止心脑血管疾病的发生，需扩张血管、增加血流量，改善心脑血管循环，在缺氧情况下保护脑和心肌细胞。另外可降低血中甘油三酯，并提高高密度脂蛋白含量，提高红细胞超氧化物歧化酶的活性。另外，血小板活化因子是人体内一种很强的可引发血小板聚集和形成血栓的内源性活性物质，是诱发心脑血管疾病，特别是引起中风、心肌梗死的隐形杀手，危险性很高。而一些野生食用植物中含有的功能性成分可以很好的清除血小板活化因子。下面就一些代表性的野生食用植物资源作为介绍。

第一节 银杏

银杏（学名：Ginkgo biloba L），别名公孙树，银杏科，银杏属，适应范围很广，在年平均气温 10～18℃，冬季绝对最低气温不低于 -20℃，年雨量 600～1500mm 的气候条件下生长最好。

银杏是植物中最古老的“活化石”，为我国特产。银杏的种仁，就是白果。开始民间食用，后来入贡朝庭，随之身价倍增！如宋代欧阳修便有“绛囊初入贡，银杏贵中州”的诗句；杨万里咏银杏：“深灰残火累相遭，小苦微甜韵最高。未必鸡头如鸭脚，不妨银杏伴金桃。”据李时珍《本草纲目》称：“原生江南，叶似鸭掌，因名鸭脚子。宋初始入贡，改呼银杏。因其形似小杏而核色白也。今名白果。”明代以来作为药用逐渐增多。

银杏在我国分布很广，资源十分丰富，其叶、果实、种子均有较高的药用价值。银杏的药用部位包括种子（俗称白果）及银杏叶。银杏果是中药材中的一种，具清痰止咳、温肺益气、定喘的功效；银杏叶则被用来治疗胸闷、心痛，改善心脑血管循环，降低胆固醇、改善高血压等症状；银杏树的树根，传说可以用于滋补强体，改善虚弱体质。银杏目前主要分布于中国大陆的江苏、河南、广西、四川等地以及日本，中国台湾的产地则在溪头一带。

一、银杏叶的食药保健功能

银杏叶为银杏科植物，银杏的叶。银杏叶性味甘苦涩平，有益心敛肺、化湿止泻等功效。《中药志》记载它能“敛肺气，平喘咳，止带浊”。据现代药理研究，银杏叶对人体和动物体的作用较为广泛，如改善心血管及周围血管循环功能，对心肌缺血有改善作用，具有促进记忆力、改善脑功能的作用。此外，还能降低血黏度、清除自由基。近年欧美国家特别推崇银杏叶提取物作为治疗和预防心脑血管疾病的天然药物。国内外对其研究报道较多。其药理作用不断被认识，临床应用范围逐步扩大。

1.银杏叶的化学成分

银杏叶的有效成分主要有黄酮苷和二萜内酯两类。银杏叶黄酮苷主要有槲皮素苷、山奈酚苷及双黄酮类化合物。银杏叶中的双黄酮成分为银杏双黄酮、异银杏双黄酮及 7- 去甲基银杏双黄酮。到目前为止，从银杏叶中共提得 6 种萜类化合物：银杏苦内酯 A、B、C、M、J 和银杏新内酯，它们都具有二萜或半萜结构，银杏内酯分子具有独特的十二碳骨架结构，嵌有一个叔丁基和 6 个 5 元环，包括一个螺（44）壬烷，一个四氢呋喃环和 3 个内酯环，常见代号 BN52020、BN52021、BN52022、BN52023、BN52024，分别代表银杏内酯 A、B、C、M、J，其中 BN52021 在银杏中的含量为 0.2%，它的抗 PAF（由血小板和多种炎症细胞产生和分泌的一种内源性磷脂）选择性和活动性最强。

2.银杏叶的药理作用

（1）对血小板聚集和止血作用。给兔灌注人血出现超急性排斥，加入了 BN52021，灌注前后均不出现聚集。离体和活体实验表明，BN52021 能完全阻止 PAF 引起的兔、鼠、猪等的血小板聚集作用，但不能干扰肾上腺素引起的聚集。

（2）对心肌功能及心肌梗塞的作用。BN52021 能阻止静注丁呱卡因引起的雄鼠心肌衰退，抑制缺氧引起的人和猪冠状动脉收缩及清除 PAF 引起的狗心脏心律不齐。实验证明麻醉兔经冠状动脉闭塞 90min 和再充血 180min 后导致心肌组织严重损伤，给予 BN52021 后能明显地抑制心室纤维化作用和减少梗塞程度。

（3）对血管的作用。豚鼠动脉内注射银杏叶提取的黄酮能舒张后肢血管，对心脏注射作用更强。后经实验证明槲皮素、山奈酚及异鼠李素三个化合物具有扩张血管和解除痉挛作用。此外能扩张冠脉血管，增加冠脉流量。

（4）对大脑的保护作用。法国学者报道银杏标准提取物对三乙基锡中毒的大鼠有恢复大脑清醒的作用。它也能促进成年雄性大鼠穿透性大脑损伤的恢复。也有报道，银杏提取物对大脑及血脑屏障有保护作用，并对脑代谢和神经递质有一定影响。

（5）对耳、眼的作用。银杏内酯 BN52021 能阻止 PAF 引起的内耳电位（尤其内淋巴位）的变化，抑制速尿灵导致的耳蜗变化。PAF 能引起兔眼内压的增加，而银杏内酯能消除其过高压力，同时也降低眼房水中因激光照射虹膜而增加的前列腺素 E2（PGE2）和蛋白含量。对兔眼角膜损伤的炎症研究发现，BN52021 对免疫综合角膜炎和角膜水肿有潜在治疗作用。

（6）抗炎作用。预先给予 0.45% BN52021 软膏，可拮抗 1、8、9- 蒽三酚诱导的刺激性皮炎，显著抑制 1、8、9- 蒽三酚引起的毛细血管阻力降低，皮肤温度升高及皮肤皱褶的增厚。一次注射 5mg/kg BN52021 可明显改善蛙皮缩胆囊肽诱导的大鼠体内急性胰腺炎，缓解炎症反应的症状。

（7）抗过敏作用。静注 BN52021 可抑制 PAF 和卵清白蛋白诱导的鼠支气管收缩和反应性，阻止抗原引起的支气管收缩，但对丙醇，消炎痛引起的支气管高敏反应无作用，对正常人的支气管收缩有部分保护作用。银杏内酯对各种气道高敏具有保护作用。

（8）抗休克作用。休克是一个多因素参与的复杂病理过程，应用 PAF 特异性受体拮抗剂 BN52021 可较好地逆转多种休克状态，提高存活率。

（9）抗肿瘤作用。银杏内酯 A、B、C 或单独用银杏内酯 B 可以应用于转移癌的治疗。它能提高抗癌化疗剂的效果，减少不良反应，使得耐细胞毒药物的癌细胞对化疗剂更为敏感有效。日本报告从银杏叶中分离的 4-1- 烷基儿茶酚对 S180 和 P388 淋巴细胞白血病有抑制作用。

（10）对生殖系统的作用。page 等综述了 PAF 和银杏内酯在生殖系统中的作用。在排卵期间，卵泡破裂与类似炎症作用有联系。用人的促性腺激素刺激老鼠排卵，发现 BN52021 能阻止卵泡破裂，卵巢胶原溶解和血管通透性增加。

（11）对器官移植排斥反应的保护作用。10mg/kg BN52021 可改善对肺的保护，有利于肺长期保存后的肺移植。银杏内酯可应用于肺移植的供体和受体中，使远距离肺移植成为可能。

（12）对消化系统的作用。银杏内酯可以显著改善 PAF 和内毒素所致鼠胃肠溃疡，对局部肠缺血引起的粘膜损伤也有显著改善。有人报道，银杏内酯对肝硬变有潜在疗效，在治疗急性胰腺炎中可能有用。

（13）对泌尿系统的作用。BN52021 能抑制 PAF、内毒素及肌注甘油等引起鼠肾小球滤过速度和肾血流量的减少。环孢霉素 A（CSA）是肾移植中最重要的治疗剂，但它同时又会引起肾中毒，对老鼠试验表明，BN52021 和 BN52063（含40% BN52021 的混合物）不仅明显阻止了 CSA 的毒性，而且阻止了顺式二氨二氯合铂引起的肾小球 血液动力学变化和肾中毒。

（14）其他作用。银杏内酯的药理研究也涉及到细胞中毒和其他免疫反应中。BN52021 抑制人类对目标细胞的自然杀伤活性，也能阻止自然杀伤细胞活性。银杏内酯对关节炎也有一定作用。此外，银杏内酯有抗孢子原虫作用，能杀灭卡氏 肺囊虫。

3.银杏叶的临床应用

（1）银杏叶制剂治疗冠心病心绞痛。杨学义等采用银杏叶制剂治疗冠心病心绞痛 33 例，实验结果表明：临床症状改善总有效率（静息心电图缺血变化改善率依次为 94% 及 64%，全血比粘度高切变值改善率为 84%），提示细胞变形能力不同程度改善。该药对心率、血压、血糖及血脂无影响，不良反应轻微。

（2）银杏叶胶囊治疗视网膜动脉硬化。杨志坤等采用口服银杏叶胶囊治疗视网膜动脉硬化，服药 6 月后，全血粘度、血浆粘比度、纤维蛋白降解产物、红细胞集指数及红细胞电泳时间均明显下降。电脑彩超显示视网膜中央动脉阻力指数均有不同程度的下降。

（3）复方银杏叶冲剂治疗慢性乙型肝炎甲基纤维化。李薇应用复方银杏叶冲剂（银杏叶 20g，黄芪、当归、丹参各 8g，黄芩、虎杖、白花蛇舌草、甲各 5g，冬虫夏草 2g，川芎 4g）治疗慢性乙型迁延性和活动肝炎早期纤维化患者。结果显示：治疗后血清Ⅲ型，前胶原肽，血清层粘连蛋白，超氧化物歧化酶，丙二醛均有明显下降。病理活检也证实肝纤维化进程获得缓解。

（4）银杏叶提取物治疗急性脑梗塞。银杏叶提取物能够改善临床症状和神经功能缺损，具有降血脂，降全血高切粘度、全血低切粘度、血小板粘时率和血球压积作用，并能升高血清中高密度脂蛋白浓度和降血清胆固醇浓度。银杏叶提取物制剂为防治急性脑梗塞安全有效药物。

（5）银杏叶提取物治疗间歇性跛行。银杏叶提取物能治疗肢端动脉痉挛或血栓闭塞性脉管炎引起的间歇跛行。国外文献 10 余篇均设有对照组的临床试验研究，结果皆认为有效。如 Bauer 报道 80 例口服标准银杏叶提取物制剂 10mg，一日 3 次，6 个月除主观疼痛减轻外，步行距离由 112m 增加至 222m；对照组由 145m 增至 176m。治疗组有效率 61%，对照组为 6%。

（6）银杏叶提取物治疗精神病。钟红文等，于 1996 年用舒宁片（含银杏叶提取物 40mg，其中黄酮 10mg），用双盲法治疗精神分裂症 16 例，每次 2 片，一日 3 次，疗程 12 周，显效率为 62.5%；安慰剂组显效率仅为 15.3%。

（7）对其他疾病的治疗。银杏叶的提取物还可用于下肢动脉炎、眩晕、耳聋、水肿、视力障碍、记忆力减退及哮喘等疾病。

二、白果的食药保健功能

白果为中国著名干果之一，味道鲜美，柔韧滑腻，别具风味，较之莲子，更胜一筹。银杏的种仁，营养丰富，除淀粉、蛋白质、脂肪糖类之外，还含有维生素 C、核黄素、胡萝卜素和钙、磷、铁、钾、镁等微量元素以及银杏酸、白果酚、五碳多糖、脂固醇等成分。具有益肺气、治咳喘、止带虫、缩小便、平皴皱，护血管、增加血流量等医用效果和食疗作用。白果仁常用于高级宴席接待宾客，如鲁菜中的“待礼银杏”，四川青城山道家的“白果炖 鸡”，“蜜制白果”等。白果以壳色黄白、种仁饱满、种仁外有膜质的种皮、断面色淡黄为佳。作药用或食用时，须敲破外壳，取出种仁。入药可生用或蒸（煮）熟、炒黄；食用还须除去膜质的皮和心（ 胚）。银杏中的黄铜苷、苦内脂对脑血栓、老年性痴呆、高血压、冠心病、动脉硬化、脑功能减退等病有特殊的预防和治疗效果；经常食用可以扩张微血管，促进血液循环，使人肌肤红润、精神焕发； 银杏还具有敛肺定喘、燥湿止带、益肾固精、镇咳解毒等功效；近年来的临床经验证明，银杏还可治疗肺结核、癫痫、神经性头痛、尼尔氏综合症等疾病。

三、银杏的综合保健功能

1.促进血液循环，预防心脑血管疾病

银杏叶中的黄酮、双黄酮、银杏内酯类化合物等成分，能活化血小板功能，使血液不会凝结成块，它同时能使血管扩张促进动脉与静脉的血液循环，因此能预防心血管疾病、脑血栓与中风。

2.提升记忆力，预防老年痴呆症

当我们年龄渐老时，神经物质传导的分泌量会渐趋减少，因而导致灵敏度降低以及记忆力退化。银杏可以增加体内的神经传导物质多巴明（dopamine）含量，而多巴明能改善身体传讯信息的能力。对那些智力功能已成退化的老年人而言，银杏能改善他们的心

智活动能力，预防老年痴呆症的发生。

3.抗氧化作用

银杏叶中含有丰富的黄酮，研究报告指出，黄酮具有抗氧化的作用，保护身体免受自由基及不稳定的分子破坏，自由基及不稳定的分子会破坏身体组织与健康的细胞，使人容易生病。自由基产生的原因，可能来自于基因的突变、疾病、老化或环境污染等等，抗氧化物质能预防自由基的形成，而使身体更健康。

4.预防血凝块形成

银杏能防止血小板黏在一起，因而能预防血凝块的形成。而血凝块会导致心脏病发作或中风，如果通往心脏的动脉里有血凝块，就会造成心脏病发作；如果血凝块停留在通往脑部的动脉里，就会造成中风。银杏在哺乳动物的毒性非常低，副作用轻微仅包括头痛、胃肠障碍及部分皮肤过敏，仅有很少的报导关于心血管系统方面的副作用。此外，服用银杏制药时，应避免与阿司匹林或抗凝血药物同时服用，否则可能会延长凝血时间，而造成出血不止的情形。银杏虽有促进血行作用，女性在月经或怀孕时应减缓剂量或暂停服用，千万别服用未经特殊方法处理的原始生鲜银杏叶，以免发生不必要的危险。

总的来说：

（1）改善脑部认知的功能障碍，如活化脑细胞、增加记忆力及减轻老年痴呆、健忘症等功效。

（2）促进血液循环，预防中风。

（3）降低血液黏度，化解瘀血。

（4）改善末梢循环障碍所导致的症状，如耳鸣、晕眩等症状。

（5）使硬化的血管恢复弹力，预防动脉硬化、高血压等。

（6）改善早期糖尿病。

（7）改善肩膀酸痛，手脚麻痹及冰冷。

（8）清除人体代谢过程所产生的过氧自由基。

（9）改善眼睛疲劳以及因老化所导致的视网膜疾病。

四、银杏的开发利用前景

银杏在宋代被列为皇家贡品。日本人有每日食用白果的习惯。西方人圣诞节必备白果。就食用方式来看，银杏主要有炒食、烤食、煮食、配菜、糕点、蜜饯、罐头、饮料和酒类。银杏叶萃取物的健康食品有口服液、胶囊状及锭剂等形式。每天食用最好不要超过 160 mg，1 ~ 3 个月内可见效，不过若持续服用 3 ~ 6 个月以上，效果会更好。目前，用银杏叶提取物配制的护肤、护发等方面的产品达 50 余种。此外，利用银杏叶研制的银杏叶饮料、银杏桃果汁、银杏啤酒、银杏茶等保健品已在市场上流通，并取得了良好效果。

第二节 山楂

山楂（Crataegus pinnatifida Bag.）为蔷薇科山楂属植物，是起源于我国的特产果树，主产于山东、河南、江苏、浙江等地，有3000多年的栽培历史。山楂，又叫“山里红”、“仙果”、“牧狐狸”，树皮暗灰色，有浅黄色皮孔，小枝紫褐色，单叶互生或于短枝上簇生，叶片宽卵形，伞房花序，花白色，后期变粉红色，果实球形，熟后深红色，表面具淡色小斑点。花期5～6月，果期7～10月。生于海拔400～1000m间的向阳山坡、杂木林缘、灌丛间、蔬林内。山楂果实酸甜可口，能生津止渴，具有很高的营养和药用价值。山楂除鲜食外，可制成山楂片、山楂糕、果脯、山楂酒等。亦可入药，入药归脾、胃、肝经，有消食化积、活血散瘀的功效。中国科技大学张居中教授，对8600年以前河南贾湖遗址中陶器碎片上的残留物进行碳14断代测定，确认山楂是最早入酒的水果。《嵩岳文献》

载：5000年前的黄帝时期，嵩山老君洞就有了用山楂酿酒的描述。山楂果实含有丰富的营养物质，是“药食同用”的上等补品，特别是维生素C、黄酮类化合物等含量高，并含有人体需要的多种矿质营养元素，这些物质具有很高的营养保健价值，可起到消食健胃、消炎止咳、降血压、降血脂、增进冠状动脉血流量和防治冠心病、心绞痛等作用，通过抗氧化和清除氧自由基而具有抗癌、防癌功效，多年来一直被誉为营养保健果品。

一、山楂营养成分

据近年来国内各有关单位分析，山楂果实和叶片中含有黄酮类成分9种，三萜类成分7种，有机酸11种，脂肪酸5种，氨基酸18种，维生素10种，还含有果胶、糖及20余种矿质元素。据北京市食品研究所分析，山楂每100g可食部分含有碳水化合物22.1g，蛋白质0.7g，脂肪0.2g，维生素C 89mg，胡萝卜素0.82mg，维生素PP 0.4mg，维生素B_2 0.05mg，维生素B_1 0.02mg，钙85mg，磷25mg，铁2.1mg。许多分析研究还证明，山楂属植物所含的黄酮类成分，叶片比果实种类多，含量高。三萜类成分果核比果肉丰富。因此，山楂的全果及叶片等都具有很高的营养保健价值。

山楂含多种维生素、山楂酸、酒石酸、柠檬酸、苹果酸等，有促进胃液分泌和增加胃内酶素等功能。山楂还含有解脂酶能促进脂肪类食物的消化。中医认为，山楂具有消积化滞、收敛止痢、活血化淤等功效。山楂中含有山萜类及黄酮类等药物成分，具有显著的扩张血管及降压作用，有增强心肌、抗心律不齐、调节血脂及胆固醇含量的功能。

山楂含绿原酸（chlorogenic acid）、咖啡酸、山楂酸（crataegolic acid）、齐菊果酸、槲皮素、熊果酸、齐墩果酸、金丝桃苷（hyperin）、表儿茶精（epicatechin）等。

山楂的主要成分黄酮类物质，对心血管系统有明显的药理作用。目前，从山楂中分离的黄酮成分有 30 余种，主要有含碳键的黄酮苷类、黄酮醇及其苷类、双氧黄酮苷类、聚合黄酮类。另一类较为重要的成分是三萜类物质，有强心、增加冠脉血流、改善血流循环等重要作用。此外，山楂中含有机酸如绿原酸、咖啡酸及鞣质、鞣酐、表儿茶酚、胆碱、乙酰胆碱、β谷甾醇、胡萝卜素及大量维生素 C 等。

二、山楂的功能因子及其保健作用

1.山楂多糖

多糖是生物体内重要的大分子物质，是所有生物的有机体中必不可少的成分，具有特殊活性。例如膳食纤维，果胶，粗纤维素等。膳食纤维对人体的生理功能是明确而肯定的，适量摄入膳食纤维素可以有效地缓解和预防人们便秘、消化不良、痔疮、糖尿病、肥胖、动脉硬化、高血压、胆结石等症状和疾病。山楂的果胶含量为 6.4%，居群果之首，为苹果的 5 ~ 8 倍，番茄的 3 ~ 4 倍。人体的新陈代谢过程不产生果胶分解酶，所以果胶经过人体直到大肠不发生变化。在大肠内，细菌利用果胶作为碳氢化合物来源，故果胶在肠区降解，但不产生热值。因此果胶是食品工业的一种重要添加剂，并广泛用于制药、纺织工业上。低甲氧基果胶除具有一般果胶的用途外，还可制作低糖、低热值的疗效果酱类食品。近年来研究还发现山楂叶多糖具有显著的降低血总胆固醇和甘油三脂作用，降血脂作用较阳性对照药烟酸的作用明显。

2.山楂果酸

山楂果实含酸量在 2.0%～3.0% 左右，以柠檬酸为主，还含有苹果酸、酒石酸等有机酸。其丰富的有机酸，有利于保护山楂制品中的维生素 C 和鲜艳的色泽。另外还含有独特的山楂酸、咖啡酸、绿原酸等。山楂具有消食化滞、行气散淤等功效。山楂中起消食导滞作用的有效成分是有机酸。而其中的熊果酸属三萜类化合物，研究发现熊果酸除有抗炎、抗突变活性外，对多种恶性肿瘤细胞亦有强烈的毒杀效应，并有诱导癌细胞分化的能力。是近年来发现的具有强抗癌活性的天然产物，有很高的研究价值和开发潜力。

3.维生素 C

维生素 C 又名抗坏血酸，它是一类水溶性的活性物质，有较强的还原作用。山楂果实中维生素 C 的含量丰富，据测定每 100g 可食部分含有维生素 C 89mg。维生素 C 的主要生理功能是：维持细胞的正常代谢，保护酶的活性；对铅化物、砷化物、苯以及细菌毒素等，具有解毒作用；使三价铁还原成二价铁，有利于铁的吸收，并参与铁蛋白的合成；参与胶元蛋白合成羟脯氨酸的过程，防止毛细血管脆性增加；促进心肌利用葡萄糖及心肌糖元的合成，有扩张冠状动脉的效应。维生素 C 是增进健康、提高抗病能力、加速创口愈合、软化血管、预防和治疗坏血病的重要物质。还可抑制亚硝胺的形成，预防癌症。

4.矿物质

据测定，山楂中含有大量的 Ca、Fe、k、Mg、Mn、P、Zn、Cu 等矿质元素，尤其是 Ca、Mg、Zn 等的含量更加丰富，Ca 除作为骨质主要构成外，还能增加毛细血管壁致密度，降低其通透性，减少渗出，具抗炎、消肿、抗组织胺作用；人体摄入 Mg 减少时易患高血压和心律不齐，还可能导致冠状动脉痉挛和心肌梗塞；Zn 对生物体内的免疫功能起调节作用，并能通过酶系统发挥对机体代谢的调节和控制，达到抗菌、抗病毒作用。Cu、Fe 是人体必需的微量元素，它们参与造血，在血红蛋白的合成上是一个活化剂，Cu、Fe 离子与它们的络合物其有抗菌消炎作用。Mn、Zn 等微量元素在肠胃病的治疗中具有重要价值；Mg、Mn、Zn、Cu 的存在对心脑血管疾病的防治有良好作用；Mn、Cu、Fe 等元素在提高与调节机体免疫功能方面也有积极意义。故认为山楂所以具有多种药用功能，可能是有机成分与金属元素的综合作用。

5.山楂总黄酮

生物类黄酮亦称维生素 P，常与维生素 C 伴存，在自然界分布广泛，属植物次级代谢产物，广泛存在于蔬菜、水果、豆类等植物中。黄酮对一些常见病和多发病有重要治疗或预防作用，如通过抗氧化和清除氧自由基而具有抗癌、防癌功效，并能通过降低血糖、血脂、而治疗高血压、糖尿病及其并发症，还可增强机体免疫系统功能而起到护肝效果，也可通过其抗炎、抗过敏、抗病毒作用而治疗脓肿溃疡，并有止咳化痰、对内分泌产生影响。1984 年 Middleton 曾指出，如果每天食物中平均含 1g 类黄酮化合物，就足以维持肌体组织所需药理活性浓度。研究发现牡荆素、芦丁、金丝桃苷三种黄酮成分在山楂果实、果核及叶中含量有很大差异。叶中含量最高，其次是果实，果核中很少。山楂叶提取物总黄酮在抗菌、抗病毒、抗炎、抗过敏、防治糖尿病并发症等方面也有较强的药理活性。山楂黄酮还能缩小心肌梗塞范围。山楂的扩冠机理与其肾上腺能受体激动作用有关。其标准提取物良好的药理、临床试验结果预示着它将作为合成药物的代用品，成为慢性心衰植物治疗的新选择。

三、山楂的医疗保健作用

在医药应用方面，山楂入药的历史悠久。在李时珍的《本草纲目》中，已经把山楂作为消食健胃和治疗妇女产后枕痛、恶露不尽等疾病的主要方剂。近年来，随着药理和药化的深入研究，山楂的化学和活性成分进一步明了，山楂在医药、食疗等方面应用的更加广泛。

1.健胃消食，改善胃肠道功能

据测定，山楂果实中有机酸有山楂酸、枸橼酸、苹果酸、琥珀酸等，山楂酸等可提高蛋白质分解酶的活性，有助消化，是临床上常用的一味消食药。其特殊的色、香、味能刺激人们的食欲，深受人们特别是孩子们的喜爱。山楂中含有大量的膳食纤维可以预防便秘与结肠癌；改变食物消化过程，增加饱腹感；膳食纤维的充足与间歇式疝气、胆结石、肾结石、膀胱结石、阑尾炎、静脉血管曲张、十二指肠溃疡、溃疡性结肠炎、骨盆静脉石、痔疮、胃食道逆流、深静脉管血栓形成和乳腺癌的发病率与发病程度有很大的关系。

2.降血压，预防和治疗心血管疾病

医学研究表明，山楂含有多种有效成分，具有强心、扩张血管和兴奋等作用。并有收敛、降血压和降胆固醇等作用。临床研究证实，山楂能显著降低血清胆固醇及甘油三酯，有效防治动脉粥样硬化，改善末梢神经对胰岛素的感受性，调节糖尿病人的血糖水平。山楂还能通过增强心肌收缩力、增加冠脉血流量、降低心肌耗氧量等起到强心和预防心绞痛的作用。医学实验证明，注射山楂乙醇浸出液，可使血压缓慢而持久地下降，并有使子宫收缩和血管扩张的作用，对产后子宫复原、动脉粥样硬化症的治疗有明显的作用。长期服用山楂糖浆或山楂红糖水可以降低血压。用山楂片剂治疗冠心病伴心绞痛，用药三个月即有显著效果，同时明显改善胸闷不适、心悸、气短、失眠等症状。河北兴降县制药厂介绍，用山楂与多种中药配合使用可以明显降低体胆固醇、甘油三脂、β－脂蛋白。

3.抗菌抑菌，提高人体免疫力

山楂果实中含有丰富的维生素和矿物质，山楂果实维生素 C 含量仅次于枣和猕猴桃，在果品中居第三位；维生素 A 仅次于枣，居第二位；其钙含量居各种果品之首，最适合小儿、孕妇及老年人对钙质的需求。同时山楂有收敛作用，对痢疾杆菌和绿脓杆菌有较强的抑制作用。山楂煎剂和乙醇提取物对志贺氏菌、福氏痢疾杆菌、宋内氏痢疾杆菌、变形杆菌、大肠杆菌有较强抗菌作用；对绿脓杆菌、金黄色葡萄球菌、炭疽杆菌、白喉杆菌、伤寒杆菌等均有抗菌作用。其茎叶对金黄色葡萄球菌、炭疽杆菌也有较强抗菌作用。

4.抗氧化和抗衰老作用

近年发现山楂对人脑中的衰老物质单胺氧化酶有明显的抑制作用，显示其具有延年益寿的功效。回瑞华等通过实验表明山楂果中含有丰富的黄酮类化合物，黄酮类化合物是一种天然的抗氧化剂，由山楂果抗氧化性能的测定可以看出山楂果具有较强的抗氧化性能，当山楂果提取液的浓度为 1.23mg/ml 时，抗氧化性为50%，当山楂果提取液的浓度为 10.0mg/ml 时，抗氧化性为 96.69%。黄酮类化合物含量和抗氧化性都随着山楂果浓度的逐渐增加而增加，即黄酮含量与抗氧化性能呈现明显的构效关系。适量食用山楂具有增加机体抵抗能力和抗衰老的作用，减少氧自由基对机体造成氧化损伤。还可通过增加抗氧化酶的活性，保护机体免受氧化损伤。前不久，天津环境医学研究所有关人员对国内常见的 30 种水果的抗氧化活性进行测定后，认为山楂的抗衰老作用位居群果之首。

5.防癌、抗癌作用

近年研究发现，山楂中含有一种叫牡荆素的化合物，具有抗癌的作用。郭法长等从山楂果实中提取分离出两种物质即金丝桃苷和多酚类化合物，该多酚类物质有阻断合成亚硝胺及其致癌的作用。山楂提取液不仅能阻断亚硝胺的合成，还可抑制黄曲霉素的致癌作用，具较强的抗癌有效成分，可以消除亚硝酸盐，消除率为 86.40%，能抑制人淋巴细胞程序外 DHA 损伤，抑制率为 71.5%，还可以使接种艾氏腹水癌的昆明小鼠的生命延长 18 天，其生命延长率为 180%。因此，消化道癌症的高危人群应经常食用山楂，对于已经患有癌症的患者，若出现消化不良时也可用山楂、大米一起煮粥食用，这样既可助消化，又可起到辅助抗癌的作用。

四、山楂保健食品的开发利用

山楂树冠整齐，枝繁叶茂，具有良好的植物学性状，适应性强，抗旱耐瘠薄，丰产性好。果实艳丽、营养丰富、风味独特，加之近年选出的甜酸适口的甜山楂，在丰富市场、满足人民生活需要方面，具有特殊作用。山楂果实有食用、药用两种用途。果实中含红色素和果胶的数量为各种水果之首，是最适于加工的果品之一。

1.山楂鲜食

山楂是我国传统的营养保健果品，较耐储藏。近年来，选育出的鲜食山楂品种甜酸可口，香味浓郁，风味极佳，果实可溶性糖含量均达 10% 以上，糖酸比值高。特别是毛红子果实维生素 C 含量高达 129.43mg/100g，为一般品种的两倍以上，居全国各栽培山楂品种首位，可作为新兴保健果品，国内外销售广阔，适于大面积栽培推广。山楂鲜食避免了维生素 C 等营养成分在加工、干制的过程中受到破坏，且营养成分基本能全部被人体吸收，深受消费者青睐。

2.山楂加工

山楂能够加工丰富多彩的产品。它除具有特殊的风味和营养外，主要与果实中某些特殊成分及含量有密切关系，其中果胶物质是主要的原因。随着加工技术和乡镇企业的发展，山楂加工品越来越多。目前市场供应较多的有山楂片、山楂糕、山楂酱、蜜饯山楂脯、果丹皮、山楂饼、山楂罐头、山楂酒、山楂汁、山楂饴等 10 余种。其加工制品营养丰富，色泽艳丽，酸甜可口，果香浓郁，有特殊风味。但因山楂含酸量高，多数制品在加工时需添加大量的糖才能平衡其酸度，这样既增加了成本，又使不同体质的人群食用受到了限制，影响了山楂的生产和加工。黄雪松研制的轻糖山楂制品在加工过程中应用降酸添加剂来降低山楂原料的酸度。经测定，用降酸方法生产的轻糖山楂酱的各项指标完全符合商业要求，维生素含量为高糖山楂酱的两倍，含糖量仅为 35% 左右，每吨低糖山楂酱成品较传统高糖山楂酱实际少用食糖 230 ~ 250kg。采用真空预抽处理的加工技术，缩短了处理时间，降低了处理温度，不仅避免了山楂果形受热力破坏而软烂的现象，而且能够很好地保持山楂的鲜艳色泽，提高了经济效益。加工山楂片时，在用热水软化和打浆工序中，添加 0.02% ~ 0.03% 的乙二胺四乙酸能有效地控制山楂果实的维生素 C 损失，分别使山楂维生素 C 保存率提高 7.95%～11.21% 和 1.97%～13.12%。

3.山楂药用

山楂是我国中医药学中的重要药材。山楂味甘酸，性微温，归脾、胃、肝经。具有生津止渴，消积化食，活血化瘀，补脾健胃作用。《本草纲目》说："山楂化饮食，消肉积、症瘕、痰饮、痞满吞酸、滞血痛胀。"在历史上，山楂在药膳中也有一定地位，唐代名医孙思邈就已将山楂列入"药食同用"果品。自古以来，医家常以山楂祛病疗疾，益寿延年。以山楂为药物成分制成的丸、散、片等中成药有几十种。近年来，随着科学技术的进步，现代化精密仪器的使用，一批药学工作者对山楂的果实、叶片在生药、药理、化学组成毒理学等方面进行了卓有成效的基础性研究，为开发利用山楂资源奠定了理论基础，提供了科学的数据，特别是对山楂叶化学组成、药效学的研究，有了突破性的进展，对人类肿瘤、衰老、心脑血管等疾病的治疗和预防显示出越来越重要的意义。

五、山楂开发利用前景展望

山楂作为我国的特产果树，栽培历史悠久，资源丰富，利用其鲜食、入药和加工的历史已近 3000 年。在长期的栽培利用过程中，各地选育出许多果实个大、甜酸适口、色泽鲜艳的生食品种和品系，在目前果品日趋火热的市场中显示出其重要作用。选育出的大果厚肉类、紫肉类等山楂，含多种特殊的营养成分，适于加工，根据中国药膳食品学的有关配方、理论及现代药理学、营养学，利用现代食品工艺学、先进的生物技术手段，将山楂与其他物料恰当配合，研制新产品，大力开展山楂的深加工技术研究，改进传统的加工方法，尽量减少山楂功能因子、天然色素的损失，开拓山楂利用的新领域将会产生极好的经济效益和社会效益。山楂制剂在心血管以及消化系统方面的临床药理和应用经常有研究报道，但更令人鼓舞振奋的是近年来研究已向抗癌、防衰、外用等新领域拓展，对预防、治疗某些疑难杂症有了新的用途，其在抗癌、降血脂、增强免疫力等方面的作用机理仍是今后研究的重点。另外，从国外情况看，能够栽培山楂的国家并不多，而由于其特殊的保健价值，需求量将越来越大。我国是山楂主产地之一，更应加强对其以药源到临床应用的一系列研究，随着改革开放和对外贸易的发展，充分发挥山楂独特的“食用药用”价值，大力开发以山楂为主的保健系列食品，山楂将以其特有风格进入国际市场。山楂毒性小，副作用少，有望成为以各种有效成分参与临床治疗的中药。其树体抗逆性强，病虫害少，易于生产无污染、安全、优质、卫生、有营养的绿色果品和有机果品。目前，绿色食品工程已成为全球性的生物工程，绿色果品的生产可扩大果品的销售市场，加快果品产业化的进程，提高果品的经济价值，同时加强配套政策体系建设，将我国地域、环境资源优势与优良品种、先进的绿色技术和现代化的栽培管理、贮运、加工等技术结合起来，创建绿色果品生产基地，才能使山楂果品产业保持稳健、持续发展。

山楂是食药兼用的果品，它是中医临床的常用药物，同时也是中成药的主要原料，在营养保健品开发方面也取得了巨大的成功。目前已经在市场上销售的山楂加工食品就有十大类 150 余种，医药制品有八大类 100 余种。另外，山楂果核及叶片都含有丰富的保健成分，也开发出许多食品或药品，如山楂核馏油、山楂叶减肥茶、山楂叶红色素、山楂叶黄酮针剂等。

山楂果有食用、药用两种用途。果、根、茎、叶及其制剂能降血压、降低胆固醇和血脂在血管壁上的沉积，并增加皮下毛细管的通透性等。果实含有丰富的芳香油，嫩叶可作酱菜，果与叶都可提炼植物色素，可广泛用于食品工业，是国际市场的抢手货。山楂具有很高的药用价值、保健价值和营养价值。我国山楂资源十分丰富，目前只简单加工成山楂罐头、山楂糕、山楂片等有限品种。可以利用高新技术将山楂深加工成果粉、果茶、果冻、果饮和药用保健产品。

我国加入世界贸易组织后，由于粮食生产受到严重冲击，势必引起农业生产要素重新配置，受各种因素的制约，大部分富余劳动力可能会转移到果品等优势产业上来。另外，国家实施的西部大开发战略强力推行退耕还林，实施了一系列生态环境工程，受利益驱动，经济林势必成为各地新发展树的首选。由于山楂抗寒耐旱，高产稳产，具有较高的鲜食价值、医药价值、观赏价值，所以其发展前景是比较广阔的。

第三节　杜仲

杜仲为杜仲科植物。杜仲（Eucommia ulmoides Oliver）的干燥树皮，是中国名贵滋补药材。具补肝肾、强筋骨、降血压、安胎等诸多功效。《神农本草经》列为上品。谓其“主治腰膝痛，补中，益精气，坚筋骨，除阴下痒湿，小便余沥。久服，轻身耐老。”杜仲是中国特有药材，其药用历史悠久，在临床有着广泛的应用。迄今已在地球上发现杜仲属植物多达 14 种，后来它们在大陆和欧洲相继灭绝。存在于中国的杜仲是杜仲科杜仲属仅存的孑遗植物，它不仅有很高的经济价值，而且对于研究被子植物系统演化以及中国植物区系的起源等诸多方面都具有极为重要的科学价值。现已作为稀有植物被列入《中国植物红皮书—稀有濒危植物》。

近年来，国内外专家对杜仲成分进行了反复细致的研究，发现杜仲中含有对人体所必须的苏氨酸、蛋氨酸、异亮氨酸、赖氨酸等 17 种游离氨基酸以及锌、铜、镁、铁、钙、磷、钾等 15 种微量元素。杜仲具有补肝肾，强筋骨，清除体内垃圾，加强人体细胞物质代谢，防止肌肉骨骼老化，平衡人体血压，分解体内胆固醇，降低体内脂肪，恢复血管弹性，利尿清热，广谱抗菌，兴奋中枢神经，提高白血球数量，增强人体免疫力等显著功效。

一、杜仲营养成分

近年来许多学者对杜仲的营养成分进行了大量研究。经研究发现杜仲的皮、叶、枝条、果实和花中含有的成分大致可分为以下几类：

1.木脂素类（lignans）

包括松脂醇二葡萄糖苷（pinoresinol diglucoside）这一主要降压成分、丁香脂醇二葡萄糖苷、橄榄脂素、吉尼波西狄克酸甲脂（geniposidic acid methylester）、儿茶素－（7，8–b，c）–4α－（3，4–二羟苯基）－α－（3H）吡喃糖、儿茶素－（7，8–b，c）–4β－（3，4–二羟苯基）－α－（3H）吡喃糖等，迄今为止，从杜仲中已分离出木脂素类化合物27种，其中许多有效成分在抗肿瘤方面具有很好的活性。

2.苯丙素类化合物（penylpropanoids）

包括香豆酸（coumaric）、咖啡酸乙酯（caffeic acid ethylester）、绿原酸（chlorogenic–acid）、松柏苷（syringin）。迄今为止，杜仲中发现苯丙素类化合物有11种。

3.环烯醚萜类（iridoids）

杜仲醇（encommiol）、杜仲醇苷（encommio–side）、京尼平（genipin）、京尼平苷酸（geniposidic acid）、京尼平苷（geniposide）、桃叶珊瑚苷（aucubin）、筋骨草苷（ajugoside）、哈

帕苷丁酸酯（harpagide acetate）、雷扑妥苷（reptoside）、车叶草酸、去乙酰车叶草酸、10- 乙酰鸡屎藤苷、表杜仲醇。到目前为止，从杜仲中分离的环烯醚萜类化合物共 15 种。

4.黄酮类

黄酮类化合物也是杜仲的主要有效成分之一，其含量的高低是判断杜仲生药及其产品质量的重要指标，对杜仲黄酮类化合物的报道多见于含量测定和分离提取工艺的研究。经研究发现杜仲中所含黄酮类化合物主要为山奈酚（kaempferol）、槲皮素（quercetin）、紫云英苷（astragalin）、陆地锦苷（hirsutin）、芦丁（rutin）。

《中华人民共和国药典》："补肝肾，强筋骨，安胎。用于肝肾不足，腰膝酸痛，筋骨无力，头晕目眩，妊娠漏血，胎动不安。"杜仲是名贵滋补药材，其有效成分中除了含有大量已知活性的药用成分外，还含有多种营养物质，营养物质是杜仲保健作用的重要物质基础。

5.氨基酸

臧友维等比较分析了杜仲皮与叶中的氨基酸含量，检出了 17 种游离氨基酸，其中必需氨基酸齐全。借助氨基酸自动分析仪对杜仲愈伤组织（离体培养）、树叶、树皮中的氨基酸含量进行了系统研究，共检出 16 种氨基酸，其中包含 7 种必需氨基酸。研究发现，杜仲果实中的氨基酸主要以蛋白质形式存在，游离氨基酸很少。经氨基酸分析仪测定发现，杜仲果实水解产物中含有 18 种氨基酸，其中包括人体必需的 8 种氨基酸。

6.脂肪酸

梁淑芳等经气相色谱分析发现从杜仲种子所提取的油中富含亚麻酸。杜仲籽油中不饱和脂肪酸含量为 91.18%，其中亚油酸与亚麻酸高达 73.8%。此外，他们还发现了杜仲籽中有豆寇酸存在。采用毛细管气相色谱、质谱联用方法对杜仲叶中的脂肪酸（以甲酯形式）进行分析，鉴定出 10 种脂肪酸，其中包括十六碳三烯酸、亚油酸和亚麻酸 3 种不饱和脂肪酸。此外，在杜仲叶挥发成分中还发现含有以酸的形式存在的脂肪酸。十六碳酸和 2，5- 二甲基苯丁酸。杜仲叶中溶于水的低级脂肪酸有待于用离子色谱分析确定。尤其值得注意的是从杜仲籽中分离得到的杜仲籽油脂肪酸中的亚麻酸含量极其丰富（高达 61%），这种富含亚麻酸的油，由于其在人体内所具有的独特降脂抗衰老功效而引起人们的广泛重视。

7.维生素及微量元素

将杜仲皮和叶中的微量元素进行分析，检出了 13 种人体必需微量元素。同时发现杜仲皮和叶中含有丰富的维生素 E 和β胡萝卜素以及少量的维生素 B_1、B_2 等。气相色谱法分析发现杜仲油含维生素 E 32mg/100g，还发现杜仲果实中含有 Cu、Zn、Mn、Fe 等 8 种元素。杜仲的降压作用是经过多年临床证实的，现代药理实验有效地揭示了这一作用的机理。试验证明：杜仲水提物对犬有明显的降压作用，而且疗效平稳，无毒、无副作用。李家实等用杜仲水提物进行了急性降压试验，发现杜仲的降压作用与其中含有的生物碱、桃叶珊瑚苷、绿原酸和糖类等物质有关。人体试验研究：30 例高血压患者连续服用复方杜仲合剂 4 周，血压（收缩压/舒张压）平均下降（15.33 ± 14.85）/（10.90 ± 10.66）mmHg，其中显效 9 例，有效 14 例，有效率 76.67%。复方杜仲叶合剂对高血压病患者头晕、心悸、烦躁、膝腰酸软等症状有明显改善作用。杜仲能使血清总胆固醇（TC）明显下降，有调节血脂的作用。秦振栋通过杜仲煎剂蛙后肢血管灌流实验的研究认为杜仲降压的机理是杜仲药剂作用于血管平滑肌，使外周血管扩张所致。高血压病人红细胞中 Zn/Cu 值为 15.04 ± 2.50，明显高于正常人，而杜仲叶、皮的 Zn/Cu 值仅为 3.82 和 3.46，所以认为杜仲的降压作用与降低高血压患者红细胞的 Zn/Cu 值有关。此外，近年的研究认为杜仲对血压具有化学降压药无法比拟的“双向调节”功能，即高血压患者服后可降压，低血压患者服后可升压。

二、杜仲药理作用

1.降压作用

树皮的提取物及煎剂对动物有持久的降压作用。用其浸膏 5ml（生药 1 ~ 2g）给麻醉犬静脉注射后产生著着的降压作用，可持续 2 ~ 3 小时，呈“快速耐受”现象。在 3 只肾型高血压狗，每天以煎剂 5 ~ 8g/kg 灌胃，共 4 周，收缩压降低最多时只有 8 ~ 22mm 汞柱（4% ~ 10%），因此疗效不够满意。杜仲的炮制与剂型对降压作用有一定影响，煎剂作用强于酊剂，炒杜仲的降压作用较生杜仲大。杜仲对猫有降压作用，但持续较短，“快速耐受”现象不显著。对胆甾醇动脉硬化家兔之降压作用较对正常家兔更为显著，但亦能产生“快速耐受”。至于降压原理，因尚未确定有效成分，故属于初步性质，已证明急性降压与迷走神经无大关系，亦不受阿托品之影响。对离体兔心，杜仲小量时先兴奋，后略呈抑制；也有报告其对心脏的抑制作用与其 pH 有关（pH 在 4 ~ 5 之间），经调整后，对大鼠与家兔离体心脏皆呈兴奋作用。杜仲对正常兔耳血管有直接扩张作用，但同样浓度却使实验性胆甾醇动脉硬化兔耳血管呈收缩作用，对正常家兔的冠状血管与肾血管在低浓度时多呈扩张作用，高浓度时则相反，对动脉硬化家兔的冠状血管在低浓度时亦呈收缩作用。因其降压与心及血管的直接关系不大，故推论其为中枢性者。

2.抗肿瘤作用

现代药理实验证明杜仲有抗癌和抑癌之功效，其有效成分与其所含的木脂素、苯丙素及环烯醚萜类化合物有关。根据报道，杜仲所含的京尼平苷酸甲酯具有抗肿瘤的作用。杜仲所含的丁香脂素双糖苷在淋巴细胞白血病系统中有较好的活性，浓度 12.5mg/kg 可控制T/C值≥126。Okada 等从杜仲叶氯仿提取物中分离出的地普黄酮，是一种干扰T淋巴细胞功能的免疫抑制物质，对人鼻咽癌（KB）和鼠淋巴细胞白血病（P388）均有生长抑制活性。日本学者研究了杜仲茶的抗变异作用（anti-mutagenicity），发现该作用与绿原酸等抗变异性成分有关，揭示了杜仲对肿瘤预防的重要意义。

3.增强免疫及抗衰老功能

徐诗伦等发现杜仲水煎液可使实验动物血中嗜酸性粒细胞及淋巴细胞显著降低，血糖和血浆皮质醇含量升高，促进肝糖元堆积，导致胸腺萎缩。实验表明杜仲具有兴奋垂体–肾上腺皮质系统、增强肾上腺皮质功能的作用，说明杜仲作为助阳补肾药是有科学依据的。“肾”与机体免疫功能也存在一定联系。徐诗伦等研究认为杜仲增强免疫的作用大小，也可以反映其补肾作用的强弱。他们还发现杜仲水煎液对细胞免疫具有双向调节作用：既能激活单核巨噬细胞系统和腹腔巨噬细胞系统的吞噬活性，增强机体的非特异免疫功能，又能对迟发型超敏反应起抑制作用。比较杜仲及其不同炮制品水提液增强免疫的作用，发现炮制后杜仲的作用强于生杜仲。经研究发现杜仲叶乙醇提取物同样能够增强细胞免疫及非特异性免疫功能。给小白鼠杜仲叶的 20% 和 50% 的乙醇提取物，可明显增强小白鼠脾淋巴细胞转化功能及腹腔巨噬细胞的吞噬功能，而对正常小鼠脾抗体形成细胞无明显影响。杜仲叶和皮的水煎液的免疫药理作用一样，杜仲叶的乙醇提取物能够增强细胞免疫功能及非特异免疫功能，而对体液免疫无明显影响，推测杜仲叶乙醇提取物治疗细胞免疫功能降低引起的疾病可能有一定的疗效。杜仲树叶中含有杜仲胶、松脂醇二葡萄糖苷、山奈酚、杜仲苷、筋骨草苷、雷扑妥苷、哈帕苷乙酸脂、半乳糖醇，另外还有一些微量元素锌、铜、铁、钙、磷、锰、铅等。动物实验结果表明：杜仲可增强小鼠红细胞 SOD 的活力，并增强其肾上腺重量。杜仲可使低下的生理功能恢复正常，提示杜仲具有一定的抗衰老作用。杜仲中富含的多种微量元素与人体内分泌系统、免疫功能系统、生长发育系统的结构和功能有密切关系，特别是与抗衰老有密切关系。如锌可加速创伤、溃疡、手术创口等的修复，对淋巴细胞起特异性促细胞分裂的作用，这表明锌具有延缓衰老作用。

中国早在两千年前的古籍中，就有杜仲树皮煎汤饮服可增强肌肉的记载。在悠久的中医发展历史中，人们一直很重视杜仲强筋健骨、补肝肾、抗衰老等作用。近年来的研究证明，杜仲叶具有在微重力环境条件下抵抗人体肌肉和骨胳老化的功能，可作为空间保健品。动物实验表明，杜仲含有一种可促进人体的皮肤、骨骼、肌肉中的蛋白质胶原的合成与分解的特殊成分，具有促进代谢、防止衰退的功能，可用来预防宇航员因太空失重而引起的骨骼和肌肉衰退，目前，有关部门正在进行这项研究。

4.利尿及其他作用

杜仲的各种制剂对麻醉犬均有利尿作用，且无“快速耐受”现象。对正常大鼠、小鼠亦有利尿作用。杜仲中含钾 0.4%，故推论利尿可能与钾有关。

临床使用杜仲浸剂，能使高血压患者血压有所降低，并改善头晕、失眠等症状，大剂量（20～25g/kg/天）杜仲煎剂给狗灌胃，能使其安静、贪睡，不易接受外界刺激。大剂量对小鼠亦有抑制中枢神经系统的作用，杜仲对大鼠和兔的离体子宫，均能抑制脑垂体后叶所引起的兴奋作用，而使子宫松弛，但对猫的离体子宫反呈兴奋作用。曾有人报告杜仲煎剂在试管中对结核杆菌有某些抑制作用。其醇浸剂似能减少大鼠肠道中胆甾醇的吸收。

据日本大学药学系高桥周七教授的最新研究表明，杜仲可以提高机体胶原蛋白的新陈代谢，小鼠试验结果显示，服用杜仲粉的小鼠胶血清内原蛋白含量增加 1.6 倍，作为胶原蛋白指标之一的羟基脯氨酸也多出 1.3 倍。因此杜仲具有减肥和美容的作用。

三、杜仲在功能性食品中的应用

随着对杜仲有效成分和药理作用的不断深入研究，杜仲的各种保健作用逐渐为人们所重视，大量的杜仲功能性食品开发已经形成，据统计，杜仲功能性食品开发已获得七项专利，而且产品品种也逐渐增多。但主要是以杜仲叶为主。

1.杜仲茶的研究与开发

杜仲茶是杜仲叶功能性食品中开发最多也是最早的一种。目前杜仲茶产品主要分两类：一类是以杜仲绿叶为原料，以传统制茶工艺制成的杜仲茶，该产品具有杜仲特有的清香、茶汤黄色明亮，具有良好的补肝肾、降血压、减肥等功效，但有一定苦味。另一类是在传统茶叶中，添加一定杜仲绿叶，共同加工泡制，该产品可适当降低杜仲叶的不良口感。

2.杜仲叶饮品的研究与开发

杜仲叶饮品主要是以杜仲叶提取物浸膏为主要原料，配以其他原辅料，配制成的饮品，如：1997 年，邓勇研制出的杜仲可乐，以水提物为主要原料，配制成可乐、饮料，并获国家专利（CN150002A）。

四、杜仲功能性食品开发前景

虽然杜仲功能性食品开发取得了一定的成绩，但今后应在以下几方面重点研究：

1.加强基础研究

目前，对于杜仲功能性食品研究太多侧重于工艺研究，如提取工艺、加工工艺等，而对于杜仲有效成分的结构与功效之间的构数关系研究较少，这就直接导致了所开发的大多数产品为第二代功能性食品，几乎没有能达到第三代功能性食品要求的产品。因此加强基础研究刻不容缓。

2.提高加工技术

目前，杜仲功能性食品的加工技术还是比较落后的，大多采用常规、传统的加工工艺，致使产品功效和档次都不高，产品缺乏竞争力。如：杜仲茶加工，大多采用传统制茶工艺，而国际上大量采用超微粉碎等高新技术，制成的速溶茶粉，不但溶解性好，而且易于吸收。

3.提高科研水平

目前，对于杜仲功能性食品的研究中，大量使用的还是老方法、老思路，科研水平比较低，导致开发了许多的低档产品，重复建设现象严重。这几年已经很少有具有竞争力的产品问世。因此，广大科研人员应树立科技兴业的思想，提高科研水平。

杜仲作为我国的特有树种，在我国许多地方都有杜仲基地，比如，陕西略阳的杜仲基地已经有一定规模，具备了大规模开发的条件，但目前所开发的大部分产品在功能和档次上还不尽如人意。现在世界上一些国家也开始关注杜仲，日本前几年已经开始从中国进口杜仲叶，进行功能性研究及开发。因此我们应尽快解决存在问题，以第三代功能性食品为发展方向进行研究开发。

第四节　苦荞

苦荞麦是双子叶蓼科荞麦属植物，原产我国及印度等地，世界主产于苏联、中国、波兰、巴西、加拿大、美国等，我国主要分布在黄土高原高寒山区和云贵川高原山地。苦荞麦是当今世界上集营养、保健、医疗于一体的天然保健食品之一，被称为“食药两用”的粮食珍品，据《本草纲目》记载，苦荞麦“实肠胃，益气力，续精神，能练五脏滓秽”、“降气宽肠，磨积滞，消热肿风痛”。与人们所熟悉的“何首乌、大黄”等是亲兄弟，是国际粮农组织公认的优秀粮药兼用粮种，是我国药食同源文化的典型体现。苦荞被誉为“五谷之王”，三降食品（降血压，降血糖，降血脂）。出产于高寒山区，四川凉山洲以及山西晋北一带，为地方特产，绿色天然，纯净无染，且因产地不同而营养价值不同。

一、苦荞麦的营养成分

苦荞麦集众多营养素于一身，不是药品，不是保健品，却有着卓越的营养保健价值和非凡的食疗功效。苦荞麦是谷类作物中唯一集七大营养素于一身的作物，其七大营养素包括：

1.植物多酚

植物多酚是继膳食纤维后发现的“第七营养素”。苦荞麦中多酚类物质在其籽粒中约含 3.05%。其中外层粉 5.23% ~ 7.43%、中层粉 3.10% ~ 4.13%、内层粉 0.47% ~ 0.97%。苦荞麦粉中的植物多酚成分主要是芦丁、槲皮素 -3- 葡萄糖苷、山奈酸、芸香糖苷、槲皮素等，其中芦丁约占总量的 85%。

膳食中芦丁的主要来源是荞麦，研究证明芦丁具有抗感染、抗突变、抗肿瘤、平滑松弛肌肉和作为雌性激素束缚受体等作用。芦丁，又名维生素 P。其主要功效是：软化血管、改善微循环、清热解毒、活血化瘀、拔毒生肌、降血糖、降尿糖、降血脂、益气提神、加强胰岛素外周作用，而芦丁在其他谷物中几乎没有。荷兰米切尔·赫托格牡博士对 805 名老年男性膳食中生物类黄酮的含量进行了测定，结果发现，每天生物类黄酮的摄入量 ≥30mg 组，比每天生物类黄酮摄入量 ≤19mg 组，死于冠心病的危险性降低了50%。

苦荞麦多酚具有消除 O_2.、. OH、DPPH. 三种自由基的能力，特别是芦丁、槲皮素对消除 DPPH 自由基较强；苦荞麦多酚对亚油酸体系中的抗氧化效果较好；苦荞麦多酚还具有降低脑内脂质过氧化物（LPO），使尿毒症毒素肌酸酐水平下降，抑制血糖值、总胆固醇和使脑内 SOD、蛋白激酶（PKC）活性上升的作用。据医学研究证明，芦丁能促进人体胰岛素的分泌，并有软化血管，改善微循环和降低血管脆性的作用。苦荞麦生物类黄酮能够促进胰岛 β 细胞的恢复，降低血糖和血清胆固醇，对抗肾上腺素的升血糖作用，同时它还能够抑制醛糖还原酶，因此可以治疗糖尿病及其并发症。

苦荞麦生物类黄酮中的槲皮素等能降低甘油三酯，总胆固醇，减少动脉粥样硬化指数，同时有抑菌和抗病毒作用。

2.微量元素和矿物质

苦荞麦含有多种有益人体健康的无机元素钙、磷、铁、铜、锌和硒等。其中镁的含量是小麦面粉的 11 倍以上，铁元素是其他主粮的 2 ~ 5 倍，锌为 1.5 倍以上，锰为 1.4 倍以上；硅含量比小麦粉高 5 倍以上，锂含量高 5 倍以上；钾为小麦的 2 倍，大米的 2.3 倍，黄玉米面的 1.5 倍。镁、钾的高含量大大增强了苦荞粉的营养保健功能。据安徽徽派食品浮山研究所技术人员介绍，镁、钾离子是维持体内水分平衡、酸碱平衡和渗透压的重要阳离子。镁是参与人体细胞转换各种反应的重要元素。钾、镁都能有效地消除疲劳，增强耐力，镁、钾不足都将导致机体乏力，耐力下降。缺镁还将使钙对大脑产生不良影响，甚至引起血管疾病。镁对心肌活动有良好调节作用。苦荞麦中含有大量的铜，铜能促进铁的利用，人体缺铜会引起铁的不足，导致营养性贫血，故多吃苦荞麦食品有益于贫血病的防治。最值得称道的是苦荞麦中含有其他谷类作物缺乏的硒，有利于防癌。硒在人体内与金属相结合形成一种不稳定的“金属—硒—蛋白”复合物，有助于排解人体中的有毒物质（如铅、汞、镉等）。中国疾病预防控制中心研究人员经过多年研究发现，在各种具有免疫调节功能的营养素（包括维生素 C、A，锌、镁等）中，硒是唯一可以直接抗病毒的营养素。我国有 71% 的地区处于低硒或缺硒状况，中国营养学会建议每人每日饮食硒的摄入量为 50 ~ 250 μg。安全摄入量是 400 μg，而我国平均每人每日对硒的摄入量尚不能达到 40 μg 的水平。这主要是由于食物里的含硒量不是很高，如 1kg 小麦的含硒量是 34 μg，1kg 大米的含硒量是 51 μg，而 1kg 苦荞麦的含硒量是 430μg。国外食品硒的来源多为将无机硒添加在饲料中转化，在食物链上为二级吸收，我国苦荞麦硒为天然有机硒，以绿色植物为载体，所以十分珍贵。

3.淀粉

荞麦种子中碳水化合物含量一般为 60.2%～72.5%。荞麦淀粉近似于大米淀粉，但颗粒较大，与一般谷类淀粉比较，荞麦淀粉食后易被人体消化吸收。苦荞麦淀粉大多为支链淀粉，含大量凝胶黏液，加热后呈弱碱性，对胃酸过多有抑制作用。对病灶可起到缓解和屏障保护作用。苦荞麦淀粉由于含黄酮，可阻碍淀粉酶对其分解，是作为阻抗性变性淀粉的优质原料。在煮过和冷冻干燥的荞麦种子中，据研究 80% 的总淀粉为可快速利用的能量，6% 的淀粉降解要慢些，14% 的淀粉可能成为结肠厌氧菌的能源；特别是在重复高压和灭菌与冷却中，可加速耐消化淀粉的形成，荞麦淀粉葡萄糖的缓慢释放和相对高的耐消化淀粉特性，使之可作为糖尿病人良好的补充饮食。

4.维生素

苦荞中含有丰富的维生素。维生素 B_1 能增进消化机能，抗神经炎和预防脚气病。维生素 B_2 能促进人体生长发育，是预防口角、唇舌、睑缘炎的重要成分。苦荞中维生素 B_2 的含量是玉米粉和大米的 2～10 倍。维生素 PP 有降低人体血脂和胆固醇的作用，是治疗高血压、心血管病的重要辅助药物，尤其是对老年患者具有特别疗效，能降低微血管脆性和渗透性，恢复其弹性，对防止脑溢血、维持眼循环，保护和增进视力有效。维生素 E 中 r- 生育酚含量较高，对防止氧化和治疗不育症有效，并有促进细胞再生、防止衰老作用。

5.纤维素

纤维素也称膳食纤维。苦荞中含量达到 1.6%，是普通米面的 8 倍之多，具有整肠通便，清除体内毒素的良好功效，是人体消化系统的清道夫。苦荞麦膳食纤维占籽粒的 2%~3%，是一种不被人体内消化酶分解的高分子碳水化合物，它包括纤维素、半纤维素、果胶、木质素等。纤维素具有持水、持油、膨胀、吸附等特性，从而具有整肠通便、防止肥胖病、减少心血管疾病等生理功能。有人对以苦荞麦为主食的地区进行调查，发现食用苦荞麦具有降低血清胆固醇及 LDL 胆因醇作用，推断是苦荞麦膳食纤维的作用。苦荞麦膳食纤维具有化合氨基氮肽的作用。

6.脂肪

苦荞麦中油酸和亚油酸含量极高，而亚油酸是人体最重要的脂肪酸，体内不能合成，对幼儿有促进生长发育作用，对成年人可防止冠心病。同时因含有抑制皮肤生成黑色素的物质（2，4 二羟基顺式肉桂酸），有预防雀斑及老年斑的作用，是美容护肤的佳品。

7.蛋白质

苦荞麦中含有 18 种天然氨基酸，总含量高达 11.82%，特别含有一般植物如小麦、稻米所缺少的赖氨酸，富含精氨酸和组氨酸。苦荞蛋白有近 1/3 为清理蛋白，可清理体内毒素和异物。苦荞粉中的蛋白质由 18 种氨基酸组成，人体必需的 8 种氨基酸齐全，其余尚有 10 种非必需氨基酸。苦荞是主要粮食中氨基酸全面的粮食。而且 8 种人体必需氨基酸中，除亮氨酸略低于玉米、小麦面外，绝大多数均高于白面、大米、玉米粉，尤以一般植物缺乏的赖氨酸和精氨酸最为丰富。赖氨酸比大米高 149%，比小麦粉高 163%，比黄玉米高 124%。精氨酸比大米高 86%，比小麦粉高 120%，比黄玉米粉高 157%。在非必需氨基酸中的天冬氨酸和谷氨酸含量也很高，这 2 种氨基酸都是构成人体血液（血浆蛋白）的重要成分。天门冬氨酸能有效消除疲劳，对运动员、重体力劳动者、老年人都是很好的保健剂。

苦荞麦含蛋白质一般为 9.3%～14.9%，其蛋白质组成不同于一般植物蛋白质。据Tahir研究荞麦蛋白质中清蛋白和球蛋白占蛋白质总量的 38%～44%，谷蛋白、醇溶蛋白和其他蛋白含量分别为 21%～29%、2%～5% 和 28%～37%。Imai 和 Shibata 报道商品荞麦粉中含有 40%～77% 的清蛋白和球蛋白，0.7%～2.0% 醇溶蛋白，23%～59% 谷蛋白及其余蛋白。但荞麦中含有一定的丹宁等抗营养素，以及对分解蛋白酶的化学反应的低灵敏度，使荞麦蛋白质的可消化性相对较低。

研究表明，苦荞麦蛋白质具有降低血液与肝脏胆固醇，抑制脂肪积累，抑制大肠癌和胆结石，改善便秘及抗衰老等作用。于是，苦荞麦蛋白可广泛应用在食品中，作预防高血脂、高尿糖、高血糖等保健食品的添加剂。

二、苦荞麦的保健作用

1.降低血糖

随着人们生活水平的提高、工作节奏的加快、饮食结构的改变，我国患有糖尿病和高血脂症者日渐增多，长期服用治疗药物，会产生不同程度的副作用。经临床观察，服用苦荞对糖尿病和高血脂症有一定的治疗作用，无毒副作用产生。比如，南通医学院附属医院对 57 例糖尿病患者监测，并与对照组比较。结果显示，以苦荞麦替代糖尿病患者膳食中的部分碳水化合物，各项生化指标均较使用苦荞麦之前有显著改善，且可减少服用降糖药物的剂量。这说明苦荞麦对糖尿病有一定的疗效，可作为糖尿病和高血脂症患者的饮食治疗，长期食用。

2.降血压

苦荞麦中含有黄酮类物质，其主要成分为芦丁。芦丁含量占总黄酮的 70%～90%。芦丁具有降低毛细血管脆性，改善微循环的作用，在临床上主要用于糖尿病、高血压的辅助治疗。

3.抗衰老

动物实验表明，用苦荞麦蛋白复合物饲喂小鼠后，使小鼠血液中红细胞 SOD（超氧物歧化酶，具有对抗自由基的作用）活性提高 15.1%，CAT（过氧化氢酶，催化过氧化氢分解成氧和水）活性提高 13.4%，全血 GSH-PX（谷胱甘肽过氧化物酶，具有抗氧化作用）阻止自由基生成的活性提高 23.2%，肝脏中 SOD，CAT 和 GSH-PX 活性分别提高 19.2%、15.1% 和 18.4%。而小鼠血液和脏器中的 MDA（脂质过氧化产物丙二醛）含量下降，其中心脏中 MDA 降低的程度最为显著，说明苦荞蛋白复合物对机体内的脂质过氧化物有一定的清除作用。

三、苦荞麦的开发与利用

据 20 世纪 90 年代初对世界 21 个荞麦主产国的不完全统计，世界荞麦播种面积为 392.6 万 km^2，总产量为 294 万 t，平均单产 749.7kg/km^2。中国是荞麦生产大国，据 1986 年不完全统计，我国苦荞麦种植面积约 17.6 万 km^2，总产约 22 万 t。

1.苦荞麦的开发利用现状

苦荞麦经过清理、脱壳、碾磨可加工成苦荞麦米、苦荞麦粉、苦荞麦壳等。我国传统的苦荞麦食品有面条、烙饼、煎饼、苦荞麦酥、凉粉、灌肠及荞麦粥等，其中荞麦面条及烙饼较为普遍。随着苦荞麦开发利用的深入，苦荞麦粥、苦荞麦挂面、苦荞麦蛋糕、苦荞麦营养粉、苦荞麦茶、苦荞麦酒、苦荞麦发糕、苦荞麦扒糕、苦荞麦酱油、苦荞麦面包、苦荞麦饼干、苦荞麦豆腐、苦荞麦方便面、苦荞麦醋、苦荞麦咖啡、苦荞麦发酵酸奶、苦荞麦功能饮料、苦荞麦高活性膳食纤维、苦荞麦膨化小食品等苦荞麦食品得到不同程度的开发研究。另外，也有人进行苦荞麦羧甲基淀粉、苦荞麦棕色素等的研究。

近年人们利用苦荞麦制备出了苦荞麦蛋白复合物，并对其营养成分的抗衰老作用进行了研究。

另外，也有用苦荞麦中提取的生物类黄酮为原料制造黄酮散、黄酮胶囊、黄酮软膏、黄酮牙膏和化妆品等的应用与研究报道。

2.我国苦荞麦开发利用研究中值得注意的问题

我国苦荞麦的开发利用历史悠久，由于其特殊的营养保健功能的发现，目前已成为保健食品研究的热点。

日前苦荞麦制品，特别是传统的苦荞麦食品，种类、品种均较多，但实现规模经营的产品并不多见。究其原因主要是生产完全凭借传统经验，工业化生产的工艺技术参数尚未确定，产品质量不稳定；另外，苦荞麦加工机械不配套，多数处于利用碾子、石磨等原始方法进行加工，出粉率低，加工的制品质量差。于是，在苦荞麦的开发利用中，应强化制品的工艺技术路线及技术参数的研究，加强荞麦粉加工专用设备的研究，以促进苦荞麦制品的工业化生产。首先应注意搞好苦荞麦营养功能、保健功能的系统研究，为苦荞麦的开发利用提供基础材料；注重高产优质品种的选育及规范化栽培技术研究，以促进苦荞麦的高产稳产规范化种植，为产后加工利用提供充足的原料。

苦荞麦不仅种子具有开发利用价值，同时其幼苗、秸秆等也富含植物多酚，同样具有重要的开发利用价值。于是有必要从植物生理、栽培技术、品种资源以及提取与精制技术对苦荞麦保健与药用成分及含量的影响进行探索，从不同加工技术与处理对其营养、保健和药用功能的影响方面开展研究，以便掌握苦荞麦的不同功能开发利用适性。

为充分利用苦荞麦的营养价值高、保健功能强的优势，应积极开展苦荞麦功能食品的研究开发。同时要积极引进国外的研究成果，为我国苦荞麦的开发服务。要从农学、食品科学与营养、机械工程、发酵工程及药学与医学等多学科积极开展苦荞麦的综合利用研究，以便充分开发利用其营养、保健和药用价值。

第四章　野生食用植物与抗疲劳

俗话说“积劳成疾”，是指人的身体如果处于经常性、过渡性的劳作状态，会导致疾病缠身。从某种意义上说“抗疲劳”就意味着有预防疾病的作用。随着社会节奏加快、生存竞争恶化，现代人所承受的压力是越演越烈。从出生到死亡，各种压力伴随着人的一生：上学、就业、工作、家庭、住房、养老……面对如此多的问题，现代人的生活完全是一种持续的高负荷透支状态。然而很多人却认为：疲劳只需要休息一下就行。孰不知，长期疲劳所引发的如身体乏力、夜不能寐、肠胃不好、记忆力减退、心慌气短、脾气粗暴、阳痿早泄等症状并不会因为人们通过几天休息而得到改善。长期疲劳，又无有效的调理，就会形成疲劳综合症，继而出现身体各器官功能的衰退、免疫力下降、引发疾病甚至影响生命。因长期疲劳引发身体器官功能衰退，但医院检查时还未发生器官质性病变（病变前兆），从而导致身体出现的各种不适症状，并且这种症状并不能靠简单的休养就能恢复，一旦出现这些症状若不治疗就最终导致重大疾病发生，有可能诱发以下严重后果：

（1）疲劳会使机体各系统的功能处在一个较低的水平，机体抵抗外来病原物的能力降低，自然杀伤细胞的减少，人就极易生病。

（2）当人体长期处在疲劳状态，使得新陈代谢降低，无法及时排除的有害物质最容易损伤细胞，使细胞衰老、死亡。人体物质的合成、分解、交换，能量的转换、新陈代谢等生理功能均在细胞内进行。细胞新陈代谢出现障碍，从而引发心、脑、肾等疾病。

（3）人体长期疲劳可出现面色无华，脱发断发，皱纹早现，面肌松弛、色斑等症状。

现代医学认为，疲劳是人们连续不断地进行生理活动与心智活动之后工作效率下降的一种心身状态，可分为两种：生理疲劳与心理疲劳。生理疲劳是“为工作所倦”的一种状态，表现为心有余而力不足，如腰酸背痛、动作失调、肌肉痉挛、大脑神经活动处于抑制状态等；心理疲劳是“倦于工作”的一种状态，表现为力有余而心不足，如注意力涣散、思维迟钝，尤其是情绪上的厌烦、忧虑、焦躁、无聊等。而一些野生食用植物中含有的功能性成分可以很好的抵抗疲劳。下面就一些代表性的野生食用植物资源作为介绍。

第一节　红景天

红景天，拉丁文学名 Rhodiola rosea，英文名 Roseroot，是景天科多年生草木或灌木植物，生长在海拔 800～2500m 高寒无污染地带的珍稀野生植物。由于其生长环境恶劣，如缺氧、低温干燥、狂风、受紫外线照射、昼夜温差大，因而具有很强的生命力和特殊的适应性。为亚洲地区常用传统药材，具有刺激神经系统、增加工作效率、消除疲劳和预防高山症等作用。已确认的红景天超过 200 个品种，当中大约 20 多种为亚洲传统医学的常用药，例如小花红景天、大花红景天、蔷薇红景天、圣地红景天等。红景天尤其是蔷薇红景天，已被广泛研究。

红景天的应用历史悠久，2000 多年前，西藏高原的人就以它入药，以强身健体，抵抗不良环境的影响。民间常用来煎水或泡酒，以消除劳累或抵抗山区寒冷。同时还防病健体和滋补益寿，因其扶正固体、补气养血、滋阴益肺的神奇功效，历代藏医将其视为“吉祥三宝”。

红景天是一种珍贵药用植物，从中国第一部药典《神农本草》、《本草纲目》到现在的《现代实用本草》，对红景天都有记载，认为其滋补强身的作用是“已知补益药中罕见的”。因而，红景天享有“东方神草”、“黄金植物”的美誉，它是继“人参”、“刺五加”之后我国发现的第三种重要的保健药用资源。红景天广泛用于抗衰老、抗缺氧和提高脑力及体力机能等方面，西藏民间常用红景天来治疗咳血、咯血、肺炎、咳嗽和妇女病等症。对于现代都市人群中广泛存在的多种亚健康症状，红景天有极好的保健作用。

一、红景天的营养成分

红景天属植物在全球约有近 100 种，我国有 70 余种，青藏高原有 55 种，西藏有 32 种，分布于我国东北、华北、西北及西南的高寒山区，野生资源极少。西藏是素有“世界屋脊”著称的青藏高原的主体部分，由于它特有的自然地理、气候条件，造就了一大群特有的植物种群，不只在形态上、生理上特殊，其内含的活性成分亦复杂而量多。这些种群大都分布在海拔 3000 ~ 5000m 的高原地带。红景天便是这个类群的代表之一。

现已知本属植物含红景天苷的有14种。目前做药用或保健品应用的种类有：大花红景天 Rhodiola crenulata，红景天 R. Rosea L，库页红景天 R. sachalinensis A. Bor，狭叶红景天 R. kirilowii（Regel）Maxim，深红红景天 R. coccinea（Royle）A. Bor。

大花红景天主要成分为：红景天苷（Salidroside）及其苷元酪醇（Tryosol）、6- 氧 – 没食子酰基红景天苷、1，2，3，4，6- 五氧–没食子酰基–β–D–吡喃葡萄糖、草质素–7–氧–α–L–吡喃鼠李糖苷、草质素–7–氧–（3–氧–β–D–吡喃葡萄糖基）–α–L–吡喃鼠李糖苷；另外还含有黄酮苷、没食子酸、山奈酚、槲皮素、酪萨维（Rosavin）、酪生（Rosarin）、酪萨利（Rosin）等。红景天根中含有黄酮苷草质素苷（Rhodionin）、红景天素（Rhodiosin）、对酪醇（Rhodiolin），约有30种挥发油，其中内桂醇（Sosaol）含量最高，约占26%，还有β–石竹烯、α–橄香烯等。地上部分含有Rhodiolgin、Rhodionidin和Rhodiolgidin等。

红景天不同种的植物中红景天苷的含量相差较大，经由HPLC等不同的方法测定10种红景天植物中的红景天苷和百脉苷含量，其中以狭叶红景天、吉氏红景天、四裂红景天、对叶红景天所含红景天苷和百脉苷为高含量。

（1）含人体所需的18种氨基酸，其中人体自身不能合成但又必需的8种氨基酸。

（2）多种维生素，维生素A、C、D、B族、E等，其中 维生素C的含量是苹果的15倍。

（3）35种生物活性微量元素，钙、镁、铜、铁、锡、锰、磷、锌、钾、铬等，其中锰的含量是人参的10倍。

（4）26种挥发油，如黑蚂蚁素、藏红花醛等。黑蚂蚁素只有动物身上才有，而红景天植物里也含有，挥发油发汗、驱风散寒、健脾和胃、镇痛止咳。

（5）红景天苷和苷元酪醇是人体细胞的激活剂，可以直接针对人体细胞进行针对性调理，起到扶正固本，彻底解决问题的效果，同时可以起到抗疲劳、耐缺氧、降低血压、软化血管、抗血管病变、抑制癌细胞的生长、抑制血压上升。

（6）黄酮类：抗炎、抗病毒、排解毒、抗肿瘤、抗氧化、抗自由基、对肝炎、糖尿病患者效果比较好。

（7）香豆素：起到镇静改善睡眠、扩张冠状动脉、防止血栓形成、止咳平喘、抗病毒、抗肿瘤、对心脑血管、哮喘有很好作用。

（8）红景天素：可以起到扩张血管，有效清除血管壁、甘油脂、胆固醇和血脂板块、低血粘稠度、恢复血管弹性、促进血管循环、抑制癌细胞的增长。

（9）超氧化物歧化酶：可以清除人体的自由基、抗氧化、抗衰老等作用。

（10）多糖：抗菌、抗病毒、抗衰老、抗辐射、降血糖、降胆固醇、抗凝血作用。

二、红景天的药理作用

我国古代第一部医学典籍《神农本草经》，将红景天列为药中上品，服红景天轻身益气，不老延年，无毒多服，久服不伤人。能补肾，理气养血，主治周身乏力、胸闷等；还具有活血止血、清肺止咳、解热的功效。

藏《四部医典》也有关于红景天的记载，言其“性平、味涩、善润肺、能补肾、理气养血。主治周身乏力、胸闷、恶心、体虚等症”。《晶珠本草》言“红景天活血清肺、止咳退烧、止痛，用于治疗肺炎、气管炎、身体虚弱、全身乏力、胸闷、难于透气、嘴唇和手心发紫”。

明代李时珍《本草纲目》记载“红景天，本经上品，祛邪恶气，补诸不足”，是“已知补益药中所罕见”。

1.增强运动耐力

红景天一直为体育专门用品，可提升或保持运动员于比赛或训练期间的耐力。动物实验证明，小鼠服食红景天提取物后，能明显延长长途游泳时间，刺激细胞内线粒体中腺三磷（ATP）之合成或再合成。这种高能分子合成就是大多数细胞功能的主要能量源，也是运动及呼吸不可缺的。

有关实验结果显示，虽然线粒体中 ATP 数量在对照组及红景天实验组同时减少，但其减少速度于服食红景天的小鼠较不显著。这表示红景天提取物可刺激肌肉运动时的 ATP 合成或再合成，有助增强体能以及促进剧烈运动后身体的恢复。

2.抗氧化、抗糖尿病、抗肺炎及哮喘

氧化作用在很多疾病的发展过程，扮演着十分重要的角色，例如癌症、心血管病、糖尿病、神经退化及类风湿性关节炎等。在传统医学中，红景天用于糖尿病治疗。有关实验利用老鼠作对象，测试红景天对控制二型糖尿病的血糖指数、酵素以及一些抗氧化的活动，实验显示红景天提取物能有效地减低血糖，加速抗氧化活动。提示红景天可能对预防高血糖病症有一定的效用。临床表明，红景天可明显对抗肺炎及哮喘，对过敏性哮喘有效。一般成人视病情需要每日可用 15～30g，水煎服，半月 1 疗程，可以依需要增加疗程。

3.抗癌特性

一些报告指出红景天具有抗癌及抗突变的能力，它的抗癌机理在于细胞生长周期控制并使细胞凋亡。2006 年一项研究指出红景天能抑制 HL-60 血癌细胞的分裂过程及减低它们的生存机会。另外，红景天可直接抑制肺癌细胞的生长及扩散。

三、红景天的保健功效

自古以来，人们都知道人参很珍贵，因为它是一种良好的补药。然而食用人参后，容易出现流鼻血、眼睛红肿、燥热等不良反应。红景天则不同，不但有人参一样的滋补强身作用，而且更重要的是它具有独特的双向调节功能。服用后能迅速调动人体潜能，双向调节人体各项指标达到最佳状态，而又没有任何不良反应。红景天的神奇功效首先来自于它独特的营养成分，具有代表性的高山红景天的主要有效成分是红景天苷、苷元酪醇，还含有黑蚁素、藏红花醛和人体所需求的多种氨基酸、多种微量元素及黄酮类物质、挥发油等几十种有保健作用的化学成分。现代医学证实：红景天具有类似中医“扶正固本”的“适应原样”作用，即促使由不同病因引起的病态指标向正常状态转变的特殊调节功能。其滋补、强身、防病和抗衰老作用是已知补益药中罕见的。红景天的增强免疫功能的作用优于人参，是比人参还珍贵的纯绿色药用植物。

从前红景天虽然是皇宫中的御用品，但是平民百姓仍然偷偷采食红景天作为补品和改善疾病。现在越来越多的科研人员开始关注红景天，经过长期大量的临床验证，已经证实红景天具有以下八个方面的疗效：

1.双向调节作用

人体健康要依靠肌体内的环境平衡，即阴阳平衡。红景天能调动肌体内一切积极因素，具有补不足、减多余的双向调节作用，通过对人体代谢系统、循环系统、神经系统、内分泌系统、免疫系统等进行自我调节，使肌体达到最佳状态，使体内的血压、血红蛋白、血色素、血糖、心脑血管功能等恢复到正常水平。

2.对神经系统的有效调节

能够有效地消除人的紧张情绪，均衡调节中枢神经、改善睡眠及烦躁亢奋或抑郁状态，提高精力，增强记忆力。能够醒脑益智、降低错误率、提高工作和学习效率、提前防止老年性痴呆症。

3.抗疲劳

具有强心作用，能够增加大脑和肌体正常活动的持续时间，延长大脑神经和身体肌肉的负荷能力。能够增强氧的利用率，降低血液中乳酸和丙酮的含量，降低肌肉的耗氧量。过劳时，能够加速脂肪和蛋白质的分解增加能量的传递；过劳后，又能够增加肌糖元和肝糖元的储备。对防治疲劳综合症，使人体长时间保持旺盛的精力和活力具有明显的作用。

4.抗辐射和抗肿瘤

红景天苷能够有效地提高 T- 淋巴细胞（成熟淋巴细胞的一个亚群，T- 淋巴细胞的免疫作用叫作“细胞免疫”）转化率和增强吞噬细胞活力（移动性吞噬细胞和固定性吞噬细胞的重要功能就是扑灭侵入人体内的病源菌），增强免疫力，抑制肿瘤生长，使白血球升高，抵抗微波辐射，并对癌症患者放疗后及其他病后体虚者有很好的辅助康复作用。

5.抗缺氧

生命万物都需要氧气，因而缺氧是万病之源。红景天能够使肌体的耗氧速度降低，提高大脑对缺氧的耐力，同时能够增加血液的载氧能力，增加肌体的抗病能力，使病变组织迅速得以恢复。

6.对人体平滑肌的作用

哮喘是由于平滑肌痉挛所致，红景天能够非常有效地解除平滑肌痉挛和调节肠道平滑运动，对哮喘、气管炎、痰多、便秘等病症有明显的防治作用。

7.对风湿性和类风湿性关节炎的作用

关节炎是由于风、寒、湿三邪所致，大量临床证明，红景天能够驱风、抗寒、消除疼痛，尤其对关节肿胀有明显的消肿和抑制作用。

8.抗衰老

红景天能够延缓细胞衰老，提高体内 SOD（超氧化物歧化酶，是国际上公认的唯一无争议的抗老、抗病物质，国际科学界称 SOD 为“神奇魔力酶”和“人体垃圾的清道夫”）的活性，抑制细胞内脂褐素和活性氧的形成，增强细胞的代谢与合成，提高细胞的活力。此外，它还具有养颜护肤的功效。

四、红景天的研究开发前景

红景天是一种名贵的中草药，多年生草本植物，属景天科类，中国有 73 种，经科学研究发现有药用价值的只有 4～7 种，而生长在东北长白山的高山红景天又叫库叶红景天其营养和药用成分最为丰富，药用价值及有效成分含量也最高。

红景天在国外医学界被誉为“东方神草”、“黄金植物”。六十年代前苏联在发展宇航事业时，为宇航员寻找强壮剂时发现了红景天，对其进行了深入研究，发现红景天具有类似中医“扶正固本”的适应原样作用，而且它的免疫作用强于人参，将红景天制成浸膏广泛用于宇航员、潜水员、飞行员、运动员以及特殊工种人群。在民间用于老年性的心衰竭、糖尿病、性功能衰退等各种疾病。

红景天作为我国的传统药用植物，早在 2300 年前我国第一部药典《神农本草经》就记载了红景天为上品，主养命，以应天，无毒，多服久服不伤人，轻身益气不老延年，在唐朝孙思邈的《千金翼方》，明朝李时珍的《本草纲目》都有记载，红景天轻身明目通神不老。

在清朝，康熙对红景天更是情有独钟。康熙皇帝在平息边疆叛乱时，曾用红景天给将士服用，消除疲劳，抵御寒冷，提高战斗力，取得良好战果。康熙将红景天钦封为“仙锡草”，下令民间不得食用，从此与百姓绝缘，只有红景天产地的百姓知道红景天，并流传着有钱人吃红景天，没钱人吃人参的说法。当地人称红景天为“长生不老草”、“九死还生草”。新疆阿尔泰地区至今还流传着新郎、新娘结婚，新娘将红景天作为礼物送给新郎，祈求今后家族兴旺。

我国近代有200多部药书药典都有对红景天的记载，其中《现代实用草本》、《新编抗衰老中药学》对红景天的记载，红景天具有抗疲劳、抗寒冷、抗缺氧、抗辐射、抗过氧、抑制血糖的作用，有补肾壮阳、补血养血、活血化瘀等功效。

我国研究红景天第一人，获得国家津贴的沈阳医科大学于庆海教授编写的《珍稀药用植物红景天》，总结了从历史到现在的药书药典，并且全面概述了红景天的药理作用、功效及应用和安全性。上海中医大学汪文娟教授编写的《名贵中药的家庭进补》在三十几种中药中介绍了红景天为全能性的“新型”药物，补不足，减多余，调和阴阳，消除百病的功效。

“红景天在中医学界被誉为‘中医瑰宝’、在营养学界被封为‘全能性’新型保健品，它是唯一具有药用特性且具有突出的临床效果的、国际知名的保健品，是患者治疗、保养之药”。

总之，红景天作为近年来新发现的“适应原”样补益药，在国外已进行较为深入的研究，苏联保健部药理委员会将红景天列为人参型兴奋剂及“适应原”样药，临床应用于抗疲劳，提高体力和脑力劳动功能、神经官能症、张力减退综合症、糖尿病和贫血等病症。

目前，国内对红景天的研究还远远不及对人参、刺五加等那么透彻、深入，对其有效成分的研究，亦仅限于红景天苷及其苷元的研究。

第二节　月见草

月见草，柳叶菜科，月见草属。月见草又称晚樱草，因为它在傍晚见月开花，且天亮即凋谢，故名月见草。原产美洲温带，中国有引种。另种待宵草（O. odorata）原产南美智利、阿根廷，在中国黑龙江、吉林、辽宁等省已成为野生。它是20世纪发现的最重要的营养药物。可治疗多种疾病，调节血液中类脂物质，对高胆固醇、高血脂引起的冠状动脉梗塞、粥样硬化及脑血栓等症有显著疗效。

一、月见草的营养成分

月见草富含钙、镁等人体不可缺少的矿质元素。倪刚实验测定，月见草中8种元素的含量较大，除了K，Na，Ca，Mg等大量生命元素以外，微量元素中 Fe，Zn 和 Se 元素的含量较高。由于它们具有重要的生化活性和特殊的营养作用，以及在免疫、遗传、优生优育、延缓衰老及防治疾病等方面的作用，月见草可作为一种具有防治心血管疾病、美容、减肥、抗癌和延缓衰老等功效的保健品。月见草中的元素含量随部位不同而异。叶中 Cu，Fe 和 Se，花中 K，Ca，Mg，Fe 和 Zn，根中 K 和 Se 元素含量较其茎部位高。如待宵草、小花月见、粉花月见等的种子含 Se 量为 2.63～3.16μg/g，而一般食物如面粉、水果、蔬菜等含量仅为 0.01～0.02 μg/g，添加制成保健食品，极有开发价值。可根据月见草的不同部位开发具有不同功能的保健品。月见花呈黄色，清香怡人，花粉多于花蜜，因花期长达 3 个月，是东北地区可观的辅助蜜源植物，花蜜食疗价值极高，也可制成花茶、花粉或直接食用，具有治疗便秘、消除脂肪、青春痘和面部黑斑及预防感冒的功效，并有营养心血管和降压降脂的作用；嫩叶可制成茶叶或直接食用，起到消炎灭菌、增强免疫力及保健养生的作用。

吴广礼等做了大豆油和月见草油的成分比较，前者必需脂肪酸、油酸、亚油酸和亚麻酸总和为 85.37%，后者为 92.48%，必需脂肪酸超过大豆油 7.11%。月见草油具有抗衰老、降固醇、防止动脉硬化之功效，且含有较高的，不需转化直接为人体利用的 γ－亚麻酸，由此说明，月见草其作用优于已有的油料作物，它将成为被人们共识的保健油料作物。

月见草种子粕含 17 种氨基酸。从含量上看，谷氨酸含量为 4.277% 最高，依次是精氨酸 2.324%，天门冬氨酸 1.576%，甘氨酸 1.521%，亮氨酸 1.364%，含量最低的组氨酸为 0.394%，氨基酸组成全面，其中有 8 种是人体必需氨基酸，是优质的食品添加剂和饲料。徐桂花研制的月见花或花茶保健饮料是以月见花浸提液为主料，再分别配以山楂汁、木糖醇或绿茶为辅料制得的，通过正交实验对月见草花及绿茶的浸提工艺和产品配方做了系统的论述，是一种酸甜可口、风味独特、营养丰富、适合中老年人和糖尿病患者饮用的保健型功能性饮料。

另外，多种月见的根中含有消炎、解热、止痛的成分，根肥大者含丰富的淀粉和糖。待宵草、线叶月见的茎皮含有可做绳索和人造棉的强力纤维，多种月见的茎杆含有可用于造纸的纤维。

月见草含有大量的必需脂肪酸以及GLA——γ－亚麻油酸及前列腺素两大神奇成分。

1. γ－亚麻油酸

月见草的成分中，主要为70%的亚麻油酸，9%的γ－亚麻酸，这两种正是“必需脂肪酸”的两个主要类别。

γ－亚麻酸，是人体必需但又不能自制的脂肪酸，对人体生理功能有良好的调节作用。尤其是今天，多国的医学研究报告指出γ－亚麻酸具有降低总胆固醇的功能。这主要是因为γ－亚麻酸属多元不饱和脂肪酸，增大了总胆固醇的水溶性，使之容易被酶分解而代谢。它又同时可从血液中清除甘油三酯，减少了内源性总胆固醇的合成。还有，γ－亚麻酸尚具有提高密度脂蛋白的作用，因而也能抑制细胞摄取和蓄积低密度脂蛋白胆固醇，更能排除已蓄积在细胞内的胆固醇。无形中，在减少甘油三脂、胆固醇、载脂蛋白B方面就有显著的效果。抑制动脉粥样硬化，γ－亚麻酸也具有减轻的效果，可降低引起血栓性心脑血管疾病的危险外，它也抑制动脉粥样状硬化症的形成，保护缺血性心肌，减少坏死区，维持血小板的正常功能。

由于 γ－亚麻酸也具有明显的抗脂质过氧化作用，对保护人体的健康，延缓人体衰老，都有很大意义。

近年，医学界对 γ－亚麻酸的临床研究非常活跃，也发现 γ－亚麻酸对肥胖、精神分裂症、妇女月经期综合征、周期性乳腺疼痛以及多种炎症（风湿性关节炎、溃疡节肠炎、肾炎等）也具良好的改善作用，这预示着，γ－亚麻酸具有更广泛的药用前景。

一般，我们多从食物中摄取亚油酸，经体内酶的作用和一系列生物合成作用，转化成 γ－亚麻酸，维持机能正常运作所需。当人体摄取了过量的饱和脂肪酸或出现其他代谢紊乱时，会影响亚油酸到 γ－亚麻酸的转化，从而影响机能的正常运作，导致种种疾病的产生。因此，若能及时地补充 γ－亚麻酸，就可促使身体机能的代谢正常，从而减少疾病的产生。

2.前列腺素

月见草的成分中，另一个列为医学界焦点研究的成分是前列腺素。1930 年一位瑞士的科学家在精液中发现这种物质,并命名为“前列腺素”，后来才发现前列腺素在人体中普遍存在，并有多种不同的组合，而发挥不同的人体内的协同作用。医药界喜欢用类固醇来作为消炎与组织抗敏的配方，类固醇也的确能快速达到这个效果，只是类固醇不但副作用大，且对人体来说，类固醇同时抑制“发炎性的前列腺素”与“消炎性的前列腺素”；月见草的特性就是：它可以合成并增加“消炎性的前列腺素”，但会抑制“发炎性的前列腺素”，这种独特的生物活性，使得月见草成为更“智慧”的配方对策，也大幅降低了副作用的可能。这解释了为什么月见草可能会是过敏体质患者的一大福音。

二、月见草的保健功效

月见草是一种在傍晚开黄花的植物，这种颇有些别致的特性使得它在很久以前就受到了关注。在欧美，月见草油有漫长的使用历史，通常人们用来治疗湿疹、消炎、更年期症状、月经前期综合征等等。到了现代，还有人用来治疗心血管疾病、糖尿病、哮喘甚至癌症等等。

1.具有抗发炎作用

GLA 在人体内经由生理生化反应会生成一种内生物质——前列腺素 E_1。前列腺素 E_1（PGE_1）可以取代体内原来正常产生的 PGE_2 之生理作用，然而 PGE_1 却比 PGE_2 拥有较强的平滑肌松弛作用，因此，被推测将有助于气喘病情的缓解及血压下降作用。虽然，许多一般剂量的临床实验并无法支持这项说法，但对于内生性发炎因子，前列腺素引发之过敏性皮肤炎（atopic eczema）却是证明有效的。

以毕尔吉（Biagi）为首的瑞士生化学家所做的研究，针对一群因 IgE 免疫球蛋白值不正常，免疫功能不全引发萎缩性皮肤炎（atopic dematitis）的儿童，以月见草油来加以治疗，结果证明 GLA 可有效提高体内一种抗发炎内生物前质—dihomogamma linolenic acid（DGLA）在体内的浓度，在高浓度摄取月见草油的族群中，更可发现症状的明显改善。藉由一连串临床试验，证明了月见草油对于抗发炎作用缓解的效果，生化学家开始试图将月见草油运用于因自体免疫反应如多发性脊椎炎、红斑性狼疮等引发的发炎症状，结果也同样得到令人满意的结果。

不过，值得注意的是，深海鱼油（w-3 油酸）也同样有这种作用，因此，除非你是素食者，否则对于自体免疫发炎症的缓解，不妨可以合并用月见草油与深海鱼油共同服用。

2.缓解经前症候群

由于女性体内在月经将至约前 2～3 天开始，便会因荷尔蒙的变化，加上月经来潮时更会因子宫内膜的剥落出血而引发体内发炎因子前列腺素（Prostaglandin）浓度的提升，月见草油中所含的 GLA 正可以抑制引起发炎作用的前列腺素浓度的上升，减低经前症候群（PMS）的不良反应。

曾经有一个针对经前症候群引发的严重乳房涨痛，以月见草油来作为治疗的临床实验，结果就证明月见草油的作用与传统摄取口服荷尔蒙制剂来治疗乳房涨痛的缓解效果类似。

女性所面临的另一个问题是骨质疏松症，因此如何降低钙质的流失，成为重要的课题。根据一项以老鼠为对象的实验发现，以月见草油喂食四周的一组老鼠尿中含钙量明显较低，而针对高尿钙症的老鼠，防止钙质流失更是有意义。

这项实验也同时支持着服用月见草油可以降低钙质的流失，并具有预防骨质疏松症的效果。由于月见草油对女性生理保健有所助益，因此在保健食品市场上，月见草油应是女性朋友的优先选择。

3.可降低血栓的发生率

月见草油和深海鱼油一洋，都是属于极多元不饱和的必需脂肪酸，在体内代谢的过程中会取代花生四烯酸在体内产生的发炎性内生性因子，如前列腺素、白血球三烯及引发凝血反应的凝血酶原（Thrombosane X_2），因此，除了抗发炎作用外，月见草油还具有降低凝血反应、预防血栓形成的作用。

除此之外，生化学家范安（Fan）更在 1995 年的动脉血管生物医学杂志中发表了 GLA 可减少巨大细胞与平滑肌细胞的增生，同时降低动脉血管硬化的发生率。

月见草油除了对老年人常患的心血管疾病具有防治作用外，对于另外一项老年疾病——糖尿病也是很有用的。神经萎缩病变是糖尿病患常发生的副作用，科学家亦发现月见草油具有保护神经细胞、减低病变发生率的作用。

英国生化学家格兰特等人在以月见草油喂食一群患有妊娠糖尿病的老鼠，发现所生出的小老鼠的体重及健康状况皆较未摄取月见草油的老鼠正常，他们更发现，月见草油可降低糖尿病的发生率，虽然，这不是以人为对象的实验，但是，以月见草油来作为慢性病的保养，其实是个不错的选择！

4.抗癌效果研究中

癌症，大部分人都会将它归为终结人类生命的大杀手，事后的治疗也总不如事前的预防来得有意义，因此，无论何种保健食品，多半会“想办法”与“抗癌”连结上一些关系，月见草油的抗癌效果，其实也只停留在以老鼠的研究阶段，而其抗癌的原理是月见草油对老鼠体内脂肪细胞具有“降低”脂肪过氧化的反应发生，因为过氧化反应会生成自由基，进而造成细胞变性引发癌病变。

所以，月见草油被认为有抗肿瘤的效果，除此之外，科学家们也同时发现，GLA 具有阻碍正常血管细胞内度与肿瘤内皮细胞的融合反应，如此一来，也可减缓癌病变的发展状态。

5.剂量因需要而调整

市面上最常见的月见草油是每粒约 500mg 的软胶囊剂型，至于每天该吃多少才有效？则是因个人需要而异。

针对一般老年人及慢性病的保养时，每天可保持 3～4 粒

500mg 的软胶囊。至于针对女性生理前症候群，在 1981 年，伦敦圣汤姆士学院（St. Thomas Hospital）曾作过的临床试验发现，在月经来潮前二周，每天早晚服用四粒 500mg 的月见草油时，有 61% 的 PMS 患者表示症状几近消失，而 25% 的患者则有部分改善，平时则可以半量来作为保养剂量。

针对伴随发炎症状的疾病患者，如自体免疫性疾病、过敏性疾病及关节炎患者，可与深海鱼油合并服用，例如每天摄取每粒 1000mg 胶囊含 EPA 及 DHA（w-3 多元不饱和脂肪酸）300mg 的深海鱼油胶囊 3 ~ 4 粒，加上 500mg 的月见草油胶囊 4 ~ 6 粒，这样的保养效果，应会比单独使用月见草油来得有效。

三、月见草研究方向及开发前景

月见草引入国内已有七十多年，对分类和变种研究不多。在已知的 20 种月见草中，只有 10 种有化学成分研究，种子粗脂肪和脂肪酸这10种都有报道，其他成分只是 1 ~ 2 种有报道。从资源开发利用角度有必要对所有种的不同器官和部位成分做全面分析，综合全面营养药用成分做出评价。随着人们饮食向营养保健方向发展，如研制生产保健饮料或功能性食品，开展营养保健油、色拉油、营养调和油研究等。因此，月见草深加工开发和利用的空间十分广阔。

第三节 草苁蓉

草苁蓉又名不老草，俗名列当。被子植物，兰科，草苁蓉属。生长在海拔 1300～2000m 的陡壁或悬崖上。多年生寄生草本，高达 0.5m，径达 3cm，直立，基部膨大，肉质粗壮。全株褐紫色，穗状花序，主轴较粗。花较小，花冠暗红紫色，筒部膨大呈束状。葫果卵球形。

草苁蓉（Boschniakia rossica），为寄生高等植物，寄生于赤杨属植物的根上。产于我国东北，国外朝鲜、日本和俄罗斯也有分布，在我国除长白山区有少量分布外，草苁蓉主要集中分布于大兴安岭北部山区。草苁蓉因受其寄生特性的限制，天然分布量较少，在《中国珍稀濒危保护植物名录》中被列为国家二级保护植物。

草苁蓉全草入药，性味甘、酸、湿，主治肾虚阳萎、腰膝冷痛、小便遗沥、崩漏带下、肠燥便秘、膀胱炎等症，具有补肾壮阳、润肠通便之功效，配合其他药物可治疗梦遗、妇女不孕等生殖系统疾病、老年习惯性便秘、膀胱炎、血尿等多种疾病，还对风湿性关节炎有一定疗效。

近年来研究发现，草苁蓉在人体内既能起到提高和促进学习记忆能力的作用，又能对老化和伴随老化而产生的各种疾病中所生成的游离基起到较好的消除作用，因此草苁蓉被中医用作滋补强壮药，民间也有用强化神经系统以治疗晕眩，并有激发心脏活力、增进身体紧张度与消除疲劳的功能，故民间依据它的延年益寿之功效，称它为“不老草”。

一、草苁蓉的化学成分

近年来，国内外学者对草苁蓉的化学成分进行了多方面的研究。从不老草中分离得到草苁蓉碱（boschniakine）及草苁蓉酮（boschnialactone），它们具有与从猕猴桃中分离出的环戊醇单帖类化合物相同的功效。李向高等利用色谱—质谱—计算机联用仪，从草苁蓉挥发油成分中分离得到 21 种化合物，又经质谱分析与计算机库存信号检索，检出正已烷基乙烯醇、顺式 -8- 孟烯、蒲勒酮、正十四烷、庚烯乙酯及 4- 甲基- 二环（2，2，2）-辛烷酸等 15 种化合物。研究表明，不老草含有酪氨酸及蛋氨酸等 17 种以上的氨基酸，其中包括人体必需的 7 种氨基酸，对不老草无机元素测定结果表明，不老草内含有较多的钙、镁、磷、铝、钾及钠等，亦含有钴、矾、铬、镧、锰、钛、钼、镍、锶及钇等 10 余种微量元素，并发现有葡萄糖及杂多糖等多种糖类物质。

草苁蓉的化学成分因产地和药用部位的不同有一定的差异。日本学者 Konishi 等从日本富士所产的草苁蓉中分得草苁蓉苷 A、B、C、D 和 E（Rossicaside A、B、C、D、E）以及三萜化合物等成分。我国学者桂明玉、李树殿等对长白山草苁蓉的挥发油成分、糖类、氨基酸、脂肪酸和无机盐等成分进行了分析，发现草苁蓉的地上部分主要含草苁蓉醛、草苁蓉内酯（Boschnialactine）、C_9、C_{10}、C_{11} 萜内酯、草苁蓉酮（Boschnialactone）、草苁蓉酸（Boschnialinicacid）、草苁蓉碱（Boschniakine）、草苁蓉纳拉苷（Boschnaloside）、β－谷甾醇、齐墩果酸（Oleanolic acid）、3 表－齐墩果酸（3-epi-oleanolic acid）等，根茎中含有苷露醇、生物碱等。

1.挥发油成分

日本学者从草苁蓉经水蒸汽蒸馏获得 8 种挥发油成分，即：别－顺臭蚁素（a11-cis-Iridomyrmecin），别－顺异臭蚁素（a11-cis-isoiridomyrmecin），别－顺－二氢假荆介内酯（a11-cis-dihydronepetalactone），别－顺－异二氢假荆介内酯（a11-cis-isodihydrone petalactone），草苁蓉内酯（Boschnialactone），新草苁蓉内酯（Neoboschnialactone），猕猴桃碱（Actinidine）和草苁蓉碱（Boschniakine）。

李向高等用气质联用仪确证了 12 种挥发性成分：已醇（1-Hexan01），顺式-8-孟烯（cis-8-minthene），蒲勒酮（pulegine），正已烷基乙烯醇（n-Hexylvinyl alcohol），二氢香芹酮（di-hydrocarvone），正十四烷（tetradecane），正十七烷（Heptadecane），顺万竹烯（cis-caryophy-lene），正十八烷（Octodecane），牻牛儿萜醇（Geraniol），熏衣草花醇（Lavanduol），反－α－庚烯酸乙酯（Ethyltren–alpha–heptanoate)，4–甲基–二环（2，2，2）辛烷酸与正十五烷（n–pentad–cane）。

此外，有人报道从草苁蓉中获得了8–表脱氧马钱子苷酸（8–epideo–xyloganic acid）。

2.脂肪酸成分

主要含有高级不饱和脂肪酸和其他烃类化合物。桂明玉等分离出 20 种成分，鉴定了其中的 5 种成分，分别为十氢萘甲酸（2.03%）、3，5–二甲氧基苯甲酸（5.20%）、棕榈酸（32.14%）、亚油酸（35.92%）、10–甲基珠光脂酸（12.90%），其中亚油酸的含量最高。孙启良等鉴定出 16 种化合物，其中有机酸及酯类化合物 10 种，包括高级不饱和脂肪酸 9，12–十八碳二烯酸、9，17–十八碳二烯酸和 5，8，11–十七碳三烯酸。易以军等利用硅胶色谱和制备薄层分离技术，首次从草苁蓉中分离 7 脱氧 –8–马钱子酸、没食子酸、肉桂酸以及咖啡酸。

3.碱性成分

日本学者 T. SaKan 研究日产的草苁蓉发现含量很强生理活性的猕猴桃碱，它可通过脑垂体实现对动物性机能的影响。国内学者魏春雁等利用气相色谱–质谱联用仪，对草苁蓉碱性成分进行研究，共出峰 35 个，鉴定出 14 种化合物，其中有 4 种生物碱：除猕猴桃碱外，还有反式 2，3–二甲基二氢吲哚、7–甲基 –6，7–二氢化 –5H–1–吡任啶和 2–苯基 –5–异丙基 –1，3，4–恶二唑。前两种化合物结构与猕猴桃碱相似，暗示其功能可能与猕猴桃碱相似。

4.糖类成分

李树殿等分析了草苁蓉的糖类成分，证明总糖和多糖在叶（包括花及花蕾）中含量最高，分别为 41.83% 和 32.43%，全株平均含量分别为 40.60% 和 31.80%；还原糖在茎中的含量最高，为 10.10%，全株的平均含量为 9.52%。进一步酸水解后，检测出葡萄糖、鼠李糖、木糖、少量的阿拉伯糖和半乳糖醛酸；尚有一成分未被鉴定，可能是葡萄醛酸。

5.氨基酸成分

李树殿等利用氨基酸自动分析仪对草苁蓉中的氨基酸成分进行了分析，发现其中含有 17 种以上氨基酸，总氨基酸含量为 4.3565%，而且还含有人体必需的 7 种以上的氨基酸，其含量为 1.2213%。

6.无机成分

李树殿等经研究发现草苁蓉中无机元素含量较高的有铁、钙、镁、磷、钾和钠等；微量元素有钴、钒、铬、镧、锰、钛、钼、镍、锶、钇等 10 种；一般常见元素有钡、铜和铅等。

7.其他成分

桂明玉等利用 IR、NMR、MS 等方法首先分离了 3- 乙酰氧基齐墩果酸和胡萝卜苷。易以军等从全草醇提取物中分得 8 个化合物并鉴定其结构：4，5，6- 三羟基酮、β - 谷甾醇、7 脱氧 -8- 表马钱子酸、没食子酸、肉桂酸、咖啡酸和草苁蓉纳拉苷，其中 4，5，6- 三羟基酮为新的酮化合物。

常桂英等对草苁蓉多糖结合蛋白进行了研究，发现草苁蓉花序水溶性多糖所含的蛋白为结合蛋白，它通过苏氨酸或丝氨酸的糖苷链与多糖连接，结合蛋白的分子量为4万道尔顿，可能分别连于多糖主干末端或（1→6）葡萄糖末端和（1→4）岩藻糖分枝末端。

二、草苁蓉药理药效的研究

1.免疫增强作用

草苁蓉提取液能够增强机体的免疫能力。

姜勇男等研究发现草苁蓉乙醇提取液在较低剂量（47mg/kg/天）时，即可明显增加小鼠脾细胞中 IgM 溶血空玟王数（PFC），在 47～375mg/kg/天剂量范围内，随着剂量的增加，PFC 数也增加，证明草苁蓉提取液可促进小鼠脾脏抗体分泌细胞的功能。张庆镐等的研究结果也表明草苁蓉多糖可增强脾细胞对细菌脂多糖的增殖反应和其体外培养性，明显促进小鼠脾细胞的有丝分裂。

朴玉仁等用电镜观察了草苁蓉乙醇提取物对肝枯否氏细胞的影响，发现草苁蓉乙醇提取物明显增强四氯化碳损伤的枯否氏细胞的吞噬功能，使 90% 以上的枯否氏细胞呈现饱满的绵羊红细胞（SR-bc）状态。

中医的脏腑理论认为肾与免疫关系密切，草苁蓉提取物能增强机体的免疫功能，从而具有补肾壮阳、延年益寿之功效。

2.抗衰老作用

草苁蓉提取液可诱导肝脏清除自由基，抑制脂质过氧化作用。

金美善等在对体外培养的 Wistar 乳鼠肝细胞观察发现，实验组肝细胞脂褐素颗粒随着日龄的增加而明显减少，超氧化物歧化酶（SOD）活性增强，丙二醛含量下降。刘永镇等对多巴胺、维生素 C、5- 羟色胺以及草苁蓉提取液对自由基的清除作用作了比较研究，发现草苁蓉醇提取物对 1，1- 二苯基 -2- 三硝基苯肼（1，1-diphenyl-2-picryl-hydrazyl，简称 DPPH）的 50% 的清除作用的浓度为 0.00003 μg/u1，浓度明显低于其他试剂，证明草苁蓉提取液在体外具有很强的清除自由基的作用；同时还发现草苁蓉提取液对鹅膏胺酸破坏中枢胆碱能神经元作成的老化模型的大鼠记忆力低下有一定的改善作用。杨秀伟等报道草苁蓉乙醇提取物还可清除自由基，能明显降低四氯化碳中毒小鼠肝脏过氧化脂质产物硫代巴比妥酸-反应物质（TBA-RS）、共轭二烯和老年脂褐素的生成，并使 SOD 的活性恢复正常。草苁蓉提取物能否清除自由基——OH 尚未有报道。

3.抗癌作用

草苁蓉提取液可提高 SOD 的活性，促进自由基的清除，对抑制癌症的发展有一定的积极作用。

沈明花等在研究中发现草苁蓉甲醇提取后进一步分离的水层成分能增强二乙基亚硝胺（DEN）所致的肝癌前病变大鼠血清的 SOD 活性，降低丙二醛的含量，证明草苁蓉甲醇提取后进一步分离的水层成分具有较强的抗氧化作用。尹宗柱等利用免疫组织化学方法研究了草苁蓉对大鼠肝脏化学致癌作用的抑制效应，结果发现 500mg/kg 剂量的甲醇提取物对 DEN 诱发的 F344 大鼠肝脏中谷胱苷肽 S- 转移酶（GST-P）阳性灶的形成有抑制作用。

4.抗炎作用

于庆海等通过体外实验研究证明，草苁蓉水煎剂能明显抑制由角叉菜胶引起的大鼠足肿胀，并抑制肿胀部位聚乙二醇（PEG）的释放，明显抑制小鼠腹腔至毛细血管通透性作用，增强小鼠的耐氧能力，增强小鼠的静握力，延长小鼠的抓棒时间。

5.其他作用

在草苁蓉脂肪成分中高级不饱和脂肪酸的含量较高，说明草苁蓉可能具降血脂、抗动脉粥样硬化和抗血栓形成等作用。在草苁蓉碱性成分中，猕猴桃碱可作用于中枢神经系统，能增强苯巴比妥的镇静和催眠作用，对正常未孕大鼠可缩短动情期的休止期，延长动情期及动情后期，说明草苁蓉可增强动物的性机能。另外，草苁蓉提取物对子宫功能性出血、肾脏以及膀胱出血具有止血作用。

于庆海等报道，草苁蓉水煎剂具有抗炎及抗疲劳作用，可增强机体耐缺氧能力，改善脑组织血液循环。郑毅男报道，草苁蓉碱对中枢神经系统具有特殊的作用，可增强苯巴比妥的镇静及催眠作用，缩短未孕大鼠动情的休止期，延长动情期和后期。孟祥瑞等研究认为，草苁蓉可用于治疗妇女月经不调及雌激素分泌不足等症。朴熙绪等报道，草苁蓉对二甲基亚硝胺所致大鼠肝纤维化有治疗作用。草苁蓉是列当科植物寄生全草，主要含有草苁蓉醛、草苁蓉内酯、甘露醇及生物碱等成分，由于结构复杂，化学成分及药理作用尚未被完全阐明，需进一步研究发现新功效及新用途。

三、草苁蓉的开发利用

草苁蓉因受其寄生特性的限制，天然分布量较少，在《中国珍稀濒危保护植物名录》中被列为国家二级保护植物。在长白山分布区内，由于近些年来长白山旅游资源的开发，给草苁蓉的生存带来了空前的劫难，目前，长白山的草苁蓉资源已近枯竭，现仅于海拔在 2000m 左右的天池附近苔原带有一定量分布。

草苁蓉是长白山特有的中草药，具有多方面的生理活性，人们对其进行了大量的研究。就目前来看，草苁蓉化学成分的研究较广泛，但是其药理作用及临床应用的研究报道较少，因此，有必要对草苁蓉的化学成分及其生物活性进行更系统的研究，以便开发和利用这一宝贵资源，更好地为人类服务。

第四节　五味子

五味子，多年生落叶藤本，属木兰科，俗称山花椒、秤砣子、药五味子、面藤、五梅子等，唐代《新修本草》载“五味皮肉甘酸，核中辛苦，都有咸味”，故有五味子之名。古医书称它荎藸、玄及、会及，最早列于神农本草经上品，中药功效在于滋补强壮之力，药用价值极高。中国药典 2000 年版将北五味子和南五味子分别收载为两个品种。五味子只特指北五味子的干燥成熟果实。而南五味子特指华中五味子的干燥成熟果实。

五味子，顾名思义是一种具有辛、甘、酸、苦、咸五种药性的果实，在一般中药材当中只带有一、两种药味，实属独特。这种五味俱全、五行相生的果实，能对人体五脏——心、肝、脾、肺及肾发挥平衡作用。

五味子含有丰富的有机酸、维生素、类黄酮、植物固醇及有强效复原作用的木酚素（例如五味子醇甲、五味子乙素或五味子木脂素），它也是兼具精、气、神三大补益的少数药材之一，能益气强肝、增进细胞排除废物的效率、供应更多氧气、营造和运用能量、提高记忆力及性持久力。

一、五味子的化学成分

五味子种子中含挥发油。油中以柠檬醛，α、β－花柏烯，β－花柏醛为主要成分。果实含柠檬酸、苹果酸、酒石酸、维生素C。种子含有大量脂肪酸。

五味子果实、种子含丰富的木脂素类化合物，如五味子醇素、五味子素、五味子甲素、乙素、丙素、五味子酚、异五味子素等等。

华中五味子果实、种子中含五味子甲素、乙素、安五脂素、五味子酯甲、乙、丙、丁、戊。

翼梗五味子果实、种子含南五味子酸、五味子酸、安五脂素等等。

红花五味子种子含五味子酚、五味子醇甲、五味子甲素、乙素等成分。

此外，尚发现有柠檬醛、叶绿素、甾醇、维生素C、E、树脂、鞣质及少量糖等。

现代科学研究证明，五味子中含有挥发油、有机酸、维生素、木脂素、三萜、倍半萜及多糖 等多种化学成分。

1.木脂素类

木脂素类化合物以联苯环辛二烯为母核，为五味子中最主要的药理活性成分。

五味子中含有多种木脂素成分：五味子素（Schisandrin）、五味子甲素（去氧五味子素、五味子素 A）（deoxyschisandrin）、五味子乙素（γ-五味子素、五味子素 B）（Schisandrin B）、五味子丙素（ Schisandrin C ）、五味子醇甲（Schisantherrin A）、五味子醇乙（Schisandrol B）、戈米辛 A（gomisin A）等。周英等报道，到 2003 年为止从五味子属植物中共分离鉴定了 200 个成分，其中包括 150 个木脂素。我国学者分离五味子木脂素始于 20 世纪 70 年代，因其具有降低肝脏细胞 SGPT 作用而倍受重视。陈延镛等曾对北五味子种子中化学成分进行了系统研究，先后从种子中分离出药理活性成分，经结构鉴定分别为五味子甲素、五味子乙素（γ-五味子素、五味子素 B）、五味子丙素、五味子醇甲、五味子醇乙。王珂等采用薄层光密度法测得北五味子中含五味子甲素、乙素、丙素、醇甲、醇乙、五味子酯甲和五味子酚 7 种成分。于俊林等采用已烷提取，薄层扫描法测定五味子不同部位总木脂素含量为，根：1.193%、茎：1.614%、叶：0.161%、果实：1.415%，表明五味子果实和茎总木脂素含量相近。韩学君等以已烷提取、联苯为内标、77% 甲醇为流动相，测定北五味子中五味子总木脂素含量为，醇甲：0.68%、醇乙：0.285%、甲素：0.078%、乙素：0.075%、丙素：0.26%、酯甲 + 酯乙：0.24%。王彦涵等以已烷提取，高效液相色谱（HPLC）法测定北五味子果实总木脂素含量约为 1.96%。朝鲜学者 Sohn Hyun Soo 从五味子中分离出木脂素：去氧五味子素、五味子素，gomisin N、五味子丙素，gomisin A、Angeloylgomisin H 和 figloygomisin H。

2.挥发油

秦波等报道，五味子挥发油含有单萜类、含氧单萜类、倍半萜类、含氧倍半萜类和少量醇、酸等含氧化合物，其中以倍半萜类为主。而芮和恺等从五味子挥发油中鉴定了 29 种化合物，占挥发油总量的 38.65%，除毕澄茄烯、依兰烯、防风根烯外，其余成分均属首次从五味子挥发油中发现，包括倍半萜烯、α－花柏烯、花柏醇等。李晓宁等采用气质联用（GC—MS）法从辽五味子挥发油中分离鉴定了 49 个化合物，其中倍半萜类约占挥发油总量的 60%。

3.多糖类

薛梅等于 2003 年首次从五味子中提取多糖，并测定其含量为 11.98%。戴好富等应用水煮醇沉法提取，硅胶、葡聚糖凝胶 LH–20 柱层析，氯仿–甲醇–水（7：3：0.5）洗脱，得原儿茶酸、奎尼酸、柠檬酸单甲酯、5– 羟甲基 –2– 糠醛、4–（3– 甲氧基 –4– 羟基–苯基）–2– 丁酮 –4–O–β–D– 吡喃葡萄糖苷、2– 异丙基 –5– 甲基 –l，4– 苯二酚 –1–O–β–D– 吡喃葡萄糖苷、2– 甲基 –5– 异丙基 –1，4– 苯二 酚 –1–O–β–D– 吡喃葡萄糖苷。

4.全氮及氨基酸

林伟卓等研究表明，北五味子干果全氮含量为 1.37%，总氨基酸含量为 9.231%。在分析的 16 种氨基酸中，人体必需氨基酸有 6 种，总含量为 3.135%。

5.其他

近年来众多医药工作者在优化五味子提取工艺的同时，还分离出其他成分。李良等以工业硅胶柱层析技术，从云南产五味子属植物中间五味子茎中分得环五味子烯醇 ycloschisandrenol、Schisandronic acid、Schisandronic acid 和β－谷甾醇 4 种化合物。刘嘉森等从湖北利川产五味子中分离得到 5 个化合物：表安五酸、2，3– 二羟基丙基十八酸酯、五味子酚、Schisandronic acidisoi–schisandrolic acid 和β－谷甾醇，其中表安五酸为首次从天然界分离得到。

二、五味子药理药效的研究

1.对中枢神经系统作用

五味子具有明显的镇静作用，五味子提取物和醇甲能减少小鼠自主活动，延长巴比妥睡眠时间、抑制动物攻击行为，对抗电休克和化学性惊厥，作用与安定药相似。尚有镇痛作用、肌肉松弛作用。五味子能激活神经系统，促进反应能力、精神集中力和协调作用，并增强思维清晰。尽管它具有激活的作用，却没有咖啡因焦躁不安的副作用。这种小小的浆果，有时也被用于治疗忧郁症，并且有助改善烦躁和健忘问题。

2.保肝作用

五味子醇提取物及五味子甲素、乙素、丙素、醇甲、醇乙、酯甲、酯乙等对化学毒物引起的动物肝细胞损伤有明显保护作用，可抑制转氨酶的释放，使谷丙转氨酶（ALT）活性降低。能明显诱导小鼠和大鼠肝微粒体细胞色素 P–450 活性，增加肝脏解毒能力。五味子对 CCl_4 经肝微粒体代谢转化后生成的一氧化碳及其在代谢过程中对还原型辅酶（NADPH）的消耗亦能有抑制作用。

3.对心血管系统作用

五味子有扩血管作用。五味子素、五味子丙素、去氧五味子素等对于离体狗肠系膜动脉收缩均有抑制作用，能增加豚鼠离体心脏及麻醉狗冠脉血流量。用北五味子饲喂家兔能调节心肌细胞和心、肾小动脉的能量代谢，提高心肌代谢酶活性，改善心肌的营养和功能。

4.延缓衰老作用

《本经》记载，五味子“主益气，补不足，强阴，益男子精”。五味子乙素、五味子酚均具有抗氧化作用，能清除自由基、抑制过氧化脂质形成。给老龄小鼠灌胃五味子水提液，可明显抑制脑和肝脏中单胺氧化酶（MAO-B）活性，增强 SOD 活性，降低丙二醛（MDA）含量。五味子酚能直接对抗阿霉素所致的心脏线粒体毒性作用，抑制由维生素 C-NADPH 诱发的大鼠脑、肝、肾微粒体及线粒体的脂质过氧化，其作用比维生素 E 强。还能显著提高老年大鼠心肌细胞环磷酸腺苷（cAMP）含量，使 cAMP/cGMP（环磷酸腺苷）比值升高，而使心脏活动增强。此外，五味子能降低血清胆固醇，增加脑和肝中蛋白质含量，均表明具有抗衰老作用。自由基是引起动脉粥样硬化、癌症、冠状心脏疾病和免疫力不足的主因，也是造成老化过程加速的罪魁祸首。五味子所含的木酚素是强效抗氧化剂，能抑制自由基，并能增加肝脏内的抗氧化剂——谷胱甘肽的水平。

5.对呼吸系统作用

五味子能“收肺气”、“宁嗽定喘”。动物试验表明，五味子煎剂和五味子素有兴奋呼吸作用。五味子的酸性成分能使小鼠气管腺中中性粘多糖和酸性粘多糖减少，具有祛痰和镇咳作用。五味子能增强小鼠慢性支气管炎支气管上皮细胞功能。

6.增强体能耐力及其对代谢及免疫功能的作用

五味子能促进肝糖原的合成，使糖代谢加强，又能增加肝细胞蛋白质的合成。对淋巴细胞 DNA 合成有促进作用，使淋巴母细胞生成增多，并促进脾免疫功能，而五味子醇能增强肾上腺皮质激素的免疫抑制作用，能对抗同种异体组织移植排斥反应。五味子能增强耐力与力气并加速体力复原。在俄罗斯，以工厂员工和儿童为试验对象的研究结果显示，五味子能增进耐力、增强体力和减少罹患疾病。

7.抗溃疡作用

五味子给大鼠灌胃，能抑制应激性溃疡的发生，使溃疡指数减少，并能抑制胃液分泌。

三、五味子的开发利用

五味子［Schisandra chinensis（Turcz.）Baill.］为木兰科五味子属和南五味子属植物的泛称。全世界约有 50 种，主要分布在东亚地区。在我国五味子属约有 20 种，南五味子属有 10 种，分布于西南、华南至东北地区。其中，有 19 种可供药用，最具经济价值的是五味子属中的五味子（学名），其次为华中五味子。长期以来，人们根据产地不同，习惯地把产于东北三省及内蒙古 的称北五味子（又称辽五味子）；产于南方的称南五味子；产于西北地区的称西五味子。

在日本和中国药典中，五味子是热门的专论题材。早在两千多年前，王宫贵族和中药名师已普遍采用这种传统沿用的强身妙品。因此，五味子是常用的药膳食疗保健佳品。在韩国一些地区的餐桌上少不了两件宝，一是泡菜，而另一个就是五味子。他们是将新鲜的五味子放入大缸中，埋入地窖，经 5 年发酵酿成五味子蜜，味道酸酸甜甜，然后冲茶喝、煲药膳或直接吃。而在我国，一般是将五味子根据不同需要，配人参、党参、黄芪、西洋参、麦冬、百合、山药、龙眼肉、益智仁、山萸肉、生地、当归、浮小麦等 1～4 种碾制成散剂服用，或泡酒制成酊剂，或水煎服，或沸水泡茶，或慢火熬成膏剂服用均可。

五味子的开发利用原来主要为制药，现已成为一种新兴的食品工业和饮料行业的重要原料。现已开发的有五味子原汁、五味子果汁、五味子果冻、五味子果酒等。保护五味子野生资源，建立人工培养基地，完善加工型企业，一定会使五味子资源量得到快速发展，同时大力推动产业化发展，促进社会经济的增长。

第五章　其他野生食用植物资源

野生食用植物资源是指那些可直接被人类食用或其中含有的化合物经分离重组后可被人类食用的野生原料植物，这类野生植物具有维持和延续生命、调节改善生理机能、增进健康等功能。野生食用植物资源由于其种类繁多、数量庞大、分布广泛，不但风味独特，而且营养价值高，被现代人视为真正的无公害绿色食品，其保健和药用功效越来越引起世界的关注，成为学者们新一轮的研究热点。

目前，我国对野生食用植物资源开发和利用的程度还很有限，在保护自然环境的前提下，实现资源的合理利用，对提高人类的健康水平具有一定的意义。除了前几章所介绍的以外，对人体有保健作用的野生植物还有很多，下面就其做简单介绍。

第一节　酸枣

酸枣又名棘、棘子、野枣、山枣、葛针等，自古野生于我国。果实圆形或扁圆形、椭圆形等，果皮红色或紫红色，果肉较薄、疏松，味酸甜。酸枣的营养价值很高，也具有药用价值。酸枣作为食品，较为普遍。

酸枣主要产于我国北方地区，虽然每年八九月份，它总是昙花一现地在市场上出现，供人们尝个新鲜，但用它加工的饮料、食品却很多，如酸枣汁、酸枣粉、酸枣酒等，人们随时随地都可以买到。

酸枣的营养主要体现在它的成分中。它不仅像其他水果一样，含有钾、钠、铁、锌、磷、硒等多种微量元素；更重要的是，新鲜的酸枣中含有大量的维生素 C，其含量是红枣的 2～3 倍、柑橘的 20～30 倍，在人体中的利用率可达到 86.3%，是所有水果中的佼佼者。

中医典籍《神农本草经》中很早就有记载，酸枣可以“安五脏，轻身延年”。所以，千万不要小看这种野果，它具有很大的药用价值，可以起到养肝、宁心、安神、敛汗的作用。医学上常用它来治疗神经衰弱、心烦失眠、多梦、盗汗、易惊等病。同时，又能达到一定的滋补强壮效果。常见的中药“镇静安眠丸”，就是以酸枣仁为主要成分制成的。患有神经衰弱的人可以用酸枣仁 3 ～ 6g，加白糖研和，每晚入睡前温开水调服，具有明显的治疗效果。

酸枣作为中药应用已有 2000 多年的历史，主要用于中气不足、脾胃虚弱、体倦乏力、食少便溏、血虚萎黄、妇女脏躁等症的治疗。近年来药理研究发现，酸枣中含有多种生物活性物质，如酸枣多糖、黄酮类、皂苷类、三萜类、生物碱类、环磷酸腺苷（cAMP）、环磷酸乌苷（cGMP）等，对人体有多种保健治病功效。酸枣具有补虚益气、养血安神、健脾和胃等作用，是脾胃虚弱、气血不足、倦怠无力、失眠多梦等患者良好的保健营养品。

近年来，英国学者在对虚弱症患者的观察中发现，凡是连续按时吃酸枣的，其康复速度比单纯服用多种维生素类的快 6 倍以上。因此，酸枣被证明具有防病抗衰老与养颜益寿的作用。常喝酸枣汁则可以益气健脾，能改善面色不荣、皮肤干枯、形体消瘦、面目浮肿等症状。此外，酸枣中含有大量维生素 E，可以促进血液循环和组织生长，使皮肤与毛发具有光泽，让面部皱纹舒展。

一、酸枣的保健功效

枣树起源于中国，酸枣为枣的原生种。酸枣的类型中均有介于酸枣与枣的中间型，果实比酸枣果大、核小、肉厚、味酸甜，如甜溜溜老虎眼、牛奶子、蓬蓬籽等过渡型酸枣品种。从《诗经》（公元前约 10 世纪）等文献记载，我国枣的栽培历史至少在 3000 年以上，汉代枣的栽培已遍及我国南北各地。20 世纪 70 年代在河南密县新石器时代遗址发掘出碳化枣核和干枣，据测定其年代至少有 7240 年，这说明我国早在 7000 多年前就采集利用枣果了。

经科学检测，野生酸枣含有糖、酸、蛋白质、钙、磷、铁、维生素等多种营养物质。野酸枣的维生素 C 含量每 100g 可达 1200mg，比葡萄高 95 倍，是沙棘的 36 倍，比猕猴桃还高 2 倍，被誉为另一“维生素 C 之王”。酸枣中含酸枣仁皂苷 A 和 B，另外还含有桦皮酸、桦皮醇及多量脂肪油、蛋白质等营养成分。《名医别录》对酸枣的药用功能也有论述，其有主治“烦心不得眠，脐上下痛，血转久泄，虚汗烦渴，补中，益肝气，坚筋骨，助阳气”之功能。

在中医临床中酸枣作为“滋补五脏、健胃醒脾、镇静养心安神”入药。李时珍指出：酸枣“服安五脏，轻身延年”、“补中、益肝、坚筋骨、助阳气、能令人体健”。有不少厂家以酸枣为主要原料生产饮料或小食品，但其有关营养成分的营养实验研究尚少。近期，有关专家采用荧光法、纸层析法、原子吸收法等方法证实酸枣果肉内含大量的维生素、β－胡萝卜素，锌、铁、钙等微量元素和氨基酸。

二、酸枣的开发利用

酸枣的树皮和根皮可治疗神经官能症。树叶可提取酸叶酮，对冠心病有较好的疗效。核壳可制活性炭。果肉可制酸枣面、酿酒、做醋，有健胃助消化的功能，还可做成防暑饮料—酸枣露。酸枣花是发展养蜂业的好蜜源。酸枣木材质地坚硬，纹理细腻、耐磨耐压，是制造农具和雕刻工艺品的良材。酸枣树，是绿化山区的优良树种。其果实味道酸甜，营养成分极为丰富。酸枣仁中含有 17 种氨基酸和人体所必需的多种维生素。人们已将酸枣果实加工成酸枣浓缩汁、酸枣果酒、枣糖、枣酱等食品，具有促进消化、安神养心等功效。有的还用酸枣粉配制香醋、酱油等调味品，清香爽口。在医学上，酸枣仁早就被列为我国名贵的中草药之一。

第二节　马齿苋

马齿苋为马齿苋科一年生草本植物。肥厚多汁，无毛，高10～30cm。生于田野路边及庭园废墟等向阳处。国内各地均有分布。该种为药食两用植物。全草供药用，有清热利湿、解毒消肿、消炎、止渴、利尿作用；种子明目。它叶青、梗赤、花黄、根白、子黑,故又称“五行草”。是古籍上早有记载的对人类有贡献的野菜。民间又称它为“长寿菜”、“长命菜。除含有蛋白质、脂肪、糖、粗纤维及钙、磷、铁等多种营养成分外，也含有大量去甲肾上腺素和大量有机钾盐。去甲肾上腺素能促进胰岛素分泌、调节人体内糖代谢，具有降低血糖浓度、保持血糖稳定的作用；钾盐可降低血压，减慢心率，具有保护心脏的作用。

一、马齿苋化学成分

马齿苋全草含大量去甲肾上腺素（noradrenaline）和钾盐（包

括硝酸钾、氯化钾、硫酸钾和其他钾盐）。还含多巴（dopa），多巴胺（dopamine），甜菜素（betanidin），异甜菜素（isobetanidin），甜菜式（betanin），异甜菜苷（isobetanin），草酸（oxalic acid），苹果酸（malic acid），柠檬酸（citric acid），谷氨酸（glutamic acid），天冬氨酸（aspartic acid），丙氨酸（alanine）以及葡萄糖（glucose），果糖（fructose），蔗糖（sucrose）等。每100g马齿苋鲜嫩苋茎叶含蛋白质2.3g，脂肪0.5g，糖类3g，粗纤维0.7g，钙85mg，磷56mg，铁1.5mg，胡萝卜素2.23mg，维生素B_1 0.03mg，维生素PP 0.7mg，维生素C 23mg。此外，还含有丰富的柠檬酸、苹果酸、氨基酸以及生物碱等成分。

二、马齿苋食疗保健作用

1.利水消肿，降低血压

马齿苋含有大量的钾盐，有良好的利水消肿作用。钾离子还可直接作用于血管壁上，使血管壁扩张，阻止动脉管壁增厚，从而起到降低血压的作用。

2.消除尘毒，防治溃疡

马齿苋能消除尘毒，防止吞噬细胞变性和坏死，还可以防止淋巴管发炎和阻止纤维性变化，杜绝硅结节形成，对白癜风也有一定的疗效。马齿苋还含有较多的胡萝卜素，能促进溃疡病的愈合。

3.杀菌消炎

马齿苋对痢疾杆菌、伤寒杆菌和大肠杆菌有较强的抑制作用，可用于各种炎症的辅助治疗，素有“天然抗生素”之称。

4.防治心脏病

马齿苋中含有一种丰富的ω-3脂肪酸，它能抑制人体内血清胆固醇和甘油三酯的生成，帮助血管内皮细胞合成的前列腺素增多，抑制血小板形成血栓素，使血液粘度下降，促使血管扩张，可以预防血小板聚集、冠状动脉痉挛和血栓形成，从而起到防治心脏病的作用。

三、马齿苋的开发利用

马齿苋既是一种药用植物，又是一种极具开发前景、具有丰富营养价值和广泛应用价值的多效能型栽培蔬菜。马齿苋是一种高蛋白、高灰分、低碳水化合物的野生蔬菜，素有“蔬菜之王”之美称。因此，可采马齿苋茎叶为蔬菜或作为加工原料。

目前马齿苋的开发利用有以下几方面：

1.新鲜食用

采马齿苋幼嫩茎叶，洗净后炒食或做汤或焯水后拌、炝，脆润微酸，鲜美可口。以马齿苋为主料的烹饪佳肴，已出现在星级饭店、宾馆酒楼的餐桌上。

2.干燥食用

马齿苋晒干后食用。干制品泡发后可作茶和做袋装方便面的配料。干储有整储和碎储，还有清储和腌渍。清储者与豆角干、茄干等一样香味浓郁；腌是将马齿苋洗净后晒至八成干后盐渍加麻油拌食，为腌渍菜中的佳品。

干制品的工艺流程：

采摘原料→选料→清洗→切分→硬化→护色，保鲜→鲜烫→干燥→干成品。

3.制成方便食品

鲜品或干品泡发后可做马齿苋包子、饺子、糖果、糕点、煎饼、面包、方便面等，如欧洲和美国的一些食品店和餐馆中有“马齿苋色拉”、“马齿苋三明治”、“马齿苋酱”等多种食品。

鲜品用作加工原料的工艺流程：

采摘原料→选料→清洗→硬化→护色，保鲜→热烫→晾干→切段（约 2 ~ 3cm）→调味成“马齿苋色拉”、“马齿苋三明治”等或用作馅和其他加工原料→消毒→真空包装→成品。

4.做粥

如马齿苋粥、马齿苋枸杞粥、马齿苋田螺粥、马齿苋槟榔粥等。

5.制作马齿苋干粉

将马齿苋汁浓缩或与水果汁（如菠萝汁）混合浓缩，加入疏松剂进行喷雾干燥，制得马齿苋干粉。一可作为食品强化剂，添加到面粉、饼干等食品中。二可直接用开水冲饮，其味酸、香、甜，既明目又养身，防治心血管病，杀菌消炎。

第三节 蒲公英

蒲公英属菊科多年生草本植物。头状花序，种子上有白色冠毛结成的绒球，花开后随风飘到新的地方孕育新生命。蒲公英又名黄花苗、婆婆丁、黄花地丁等，为菊科植物。蒲公英带根全草，多生于山坡、田边、路旁、河滩及旷野中，全国各地均有野生分布。苏轼云："春初生苗，叶如苦营，有细齿，中心抽一茎，茎端一花，色黄"。李时珍说："小科布地生，断之有白汁，嫩苗可食"。

蒲公英植物体中含有蒲公英醇、蒲公英素、胆碱、有机酸、菊糖等多种健康营养成分，有利尿、缓泻、退黄疸、利胆等功效。蒲公英同时含有蛋白质、脂肪、碳水化合物、微量元素及维生素等，有丰富的营养价值，可生吃、炒食、做汤，是药食兼用的植物。

一、蒲公英的营养成分

蒲公英有较全面的营养物质，含有蛋白质、脂肪、碳水化合物和多种矿物质、微量元素和维生素。如采自长春的野生蒲公英，100g 嫩叶中有水分 81.2g，碳水化合物 8.0g，粗纤维 2.2g，蛋白质 4.3g，脂肪 1.1g，热量 203.12kJ，灰分 3.2g，胡萝卜素 7.34mg，硫胺素 0.035mg，核黄素 0.388mg，抗坏血酸 47.10mg，尼克酸 1.88mg；100g 干品中含钾 41.03mg，钙 12.15mg，镁 4.30mg，钠 0.03mg，磷 3.98mg，铁 233.2 μg，锌 44.2 μg，锰 39.5 μg，铜 14.2 μg。据统计，每 100g 蒲公英中氨基酸总量 8143mg，氨基酸含量均高于大多同类野生植物。研究还表明，蒲公英中不仅含有蒲公英素、蒲公英醇、胆碱、有机酸、菊糖、葡萄糖苷等营养素，同时还含有人体中稀缺的抗肿瘤活性物质硒元素，蒲公英中的硒含量达到 14.7 μg/100g，是自然界中罕见的富硒植物。

蒲公英以花和全草入药。其全草含有肌醇、天冬酰胺、苦味质、皂苷、树脂、菊糖、果胶、胆碱、蒲公英甾醇等；根含蒲公英醇、蒲公英甾醇、β－谷甾醇、豆甾醇、胆碱、亚油酸；叶含叶黄素、叶绿醌、木犀草素–7–O–葡萄糖苷、磺基氨基酸、γ－氨基丁酸、鸟氨酸等；花含毛茛黄素、山金车二醇、叶黄素等；花粉中含β－谷甾醇、叶酸等。

二、蒲公英食疗保健作用

蒲公英全草因含有蒲公英甾醇、胆碱、葡萄糖、果胶、葡萄糖苷等成分，故对金黄色葡萄球菌、溶血性链球菌、肺炎球菌、脑膜炎球菌、白喉杆菌、绿脓杆菌、变性杆菌、痢疾杆菌、伤寒杆菌等有杀灭作用。蒲公英所含树脂成分有利胆、保肝、利尿作用。蒲公英能明显减轻应激性胃黏膜损害，使溃疡发生率低下，并有抗病毒效果。还能激发机体的免疫功能，能显著提高外周血淋巴细胞母细胞转化率。蒲公英还含有多种糖，有较强的激活巨噬细胞的能力，从而有抗肿瘤的功效。

1.清热解毒

可用于热毒症，尤善清肝热，治疗肝热目赤肿痛，以及多种感染、化脓性疾病。

2.消痈散结

治疗热毒壅结于肌肉所致的痈肿疮毒，高热不退。对乳痈有良效，能解毒散结通乳，可内服或外敷，常配金银花等同用。另外还可配大黄、丹皮治疗肠痈。

3.利胆作用

国外研究，蒲公英有利胆作用，临床上治疗慢性胆囊痉挛及结石症有效。此外本品尚有利尿健胃，轻泻等作用。

三、蒲公英的开发利用

蒲公英拉丁名是由希腊文中的 Taraxos 和 akos 二字而来，前者是意味着“混乱”，指的是漫天纷飞的蒲公英种子，后者则是“补救”之意，指的是蒲公英神奇的药用效果。古欧洲时期就被药草师用来治疗肝脏疾病和预防贫血。蒲公英也用来制做烈的黑啤酒，而它的根烤过加工后还可以做为无咖啡因的天然咖啡替代品。1974 年的 Planta Medica 杂志证实蒲公英中有丰富的矿物质，可改善消化系统和高血压等问题。蒲公英可以加薄荷茶一起喝，味道甜美、可口。蒲公英茶对金黄色葡萄球菌有较强抑制作用，对病毒性、流行性感冒有一定的治疗作用。蒲公英嫩时可凉拌和生食，是一种极好的蔬菜，根茎去皮抽芯亦可腌食，植株以富含钾而著称。

蒲公英是一种很好的野生蔬菜，食用方法很多，叶片可生食、腌渍或焯后凉拌，也可切细片后与米煮食或油炒食用，还可制成不含咖啡碱的蒲公英咖啡。其花则可酿制成蒲公英酒。目前国内已开发成功出蒲公英酱、蒲公英酒、蒲公英咖啡、蒲公英花粉等。近年来，在日本、西欧、北美等国家已陆续兴起了野菜消费热。日本已开始利用蒲公英提取物制成糖果、饮料和糕点等系列保健食品。蒲公英被称为“天然野味”、“健康食品”，需求量与日俱增，陆续进入家庭餐桌和饭店宴席，成为时髦的饮食佳品。以蒲公英而言，由于其资源丰富，分布甚广，营养丰富，具有广阔的发展前景。

第四节 紫苏

紫苏为唇形科紫苏属的一年生草本植物，具有多种药用和食用功效，在我国已有两千多年的栽培历史。紫苏是传统的多用途经济植物，也是国家卫生部首批颁布的既是药品又是食品的 60 种中药之一。紫苏原产于喜马拉雅山及我国中南部地区，是常用中草药。现在主要分布于印度、缅甸、日本、中国、朝鲜、韩国和苏联等地区。在我国紫苏分布很广，主要产于陕西、湖北、浙江、四川、安徽、辽宁、山东、福建等省，以大棚栽培较多。近年来美国、加拿大也已开始商业性栽培。目前，随着对其化学、药理及多种活性营养保健成分的深入研究，紫苏已被确认为是一种极具开发价值的药用及营养保健资源。

一、紫苏的营养成分

紫苏的叶称苏叶，茎杆称苏梗，种子称苏子。叶、茎、花、种子和根等均可入药，也均有很高的营养保健价值。

1.不饱和脂肪酸类

紫苏子因产地不同，其脂肪油含量约在 32% ~ 50%。油中含大量的不饱和脂肪酸，主要为亚麻酸、亚油酸、油酸、棕榈酸、硬脂酸、花生酸、花生烯酸等，总量达 94.68%。其中 α-亚麻酸（十八碳三烯酸）含量较高，可达 64%。α-亚麻酸是不饱和脂肪酸，具有重要的生理功能。由于该不饱和脂肪酸在哺乳动物体内不能自身合成，必须依靠食物的供给，在体内转化为二十碳五烯酸（EPA）和二十二碳六烯酸（DHA），从而在体内发挥作用。α-亚麻酸能增强神经系统和调节免疫系统的功能，可预防多种疾病，对人有降血压、降血脂、减少血栓形成、促记忆、抗过敏、防癌、抗癌等重要作用。

2.蛋白质、氨基酸类

苏子含有 20%~23% 的蛋白质，其蛋白质的氨基酸组成有天冬氨酸、苏氨酸、丝氨酸、谷氨酸、甘氨酸、丙氨酸、胱氨酸、缬氨酸、蛋氨酸、异亮氨酸、亮氨酸、酪氨酸、苯丙氨酸、赖氨酸、组氨酸、色氨酸、精氨酸、脯氨酸等，其总氨基酸含量可达到 18.67%，必需氨基酸的含量占 8.04%。苏子中含有的动物必需氨基酸含量较高，尤其是赖氨酸和含硫氨基酸均高于玉米、小麦等。在紫苏的嫩叶和生长旺盛期的茎叶中也含有 7%~13% 的蛋白质。

3.矿物质类

紫苏子及紫苏茎叶中，经测定含有 K、Ca、Mg、Na、P、Fe、Zn、Mn、Cu、As、Hg、V、Ni、Cr、Pb、Sr、Si、Ba 等 18 种微量元素，其中生物必需微量元素如 Fe、Zn、Mn、Cu 等含量较高。

4.黄酮及其苷类化合物

从紫苏叶、种子中已分离出 16 种黄酮类化合物。黄酮类化合物具有清除自由基、抗衰老、抗菌、抗病毒、预防和治疗心血管疾病、抗癌等多种功效。其中紫苏茎、叶中成分大致相似，为 5 种花色素苷、2 种黄酮及 9 种黄酮苷。花色素苷主要是氰基 -3，5- 葡萄糖苷；2 种黄酮是木犀草素和芹菜素；9 种黄酮苷中含量较多的是芹菜素 -7- 咖啡酰葡萄糖苷和木犀草素 -7- 咖啡酰葡萄糖苷。种子中的黄酮类化合物主要是芹菜素和木犀草素。

5.类胡萝卜素类等

紫苏叶中含有较丰富的类胡萝卜素，其中β－胡萝卜素含量远远高于胡萝卜中的含量。兰州脱水胡萝卜 100g 中含β－胡萝卜素为 17.25mg，为全国之首，但紫苏叶中β－胡萝卜素是其含量的 5～7 倍。

二、紫苏的医疗保健功效

1.抗衰老作用

紫苏叶提取物具有一定的消除自由基、防止脂质过氧化的作用，对于人类防衰老、保健有很独特的意义。现代医学认为，自由基是导致衰老的重要因素之一，其代谢产物之一丙二醛（MDA 过氧化产物）的含量可反映细胞被氧化程度，而 SOD（过氧化物歧化酶）通过对氧离子的歧化作用，保护细胞不受毒性氧自由基的损害，而达到减缓衰老的作用。文献报道紫苏油可明显降低脑及肝中 MDA 含量，还可显著提高红细胞中 SOD 活力，增大血清低密度脂蛋白（LDL）的含量，因而具有抗疲劳和抗衰老功效。

2.促进记忆作用

文献报道从紫苏子提取的脂肪油，能促进小鼠脑内核酸及蛋白质的合成，调节小鼠脑内单胺类神经递质水平，具有促进小鼠的学习记忆能力的作用。另一项动物实验也证明，通过添加富含α－亚麻酸饲料喂食子代小鼠，可提高它们的学习记忆能力，并使其视网膜中的 DHA 增加，视网膜反射能增强。因为紫苏油中的不饱和脂肪酸在体内可代谢为 EPA 和 DHA，而 DHA 除富集于主动脉外，还大量存在于大脑皮层、视网膜和生殖细胞中，因而能提高学习记忆力和视力。

3.降血脂作用

紫苏子中的α－亚麻酸具有改变大鼠脑和肝脏中脂肪酸的作用，可以用于降低血脂。在建立的高血脂模型大鼠试验中发现，紫苏子和大豆肽油制成的制剂——降脂肽可显著降低血清中的 TG（甘油三酯）及 TG 浓度，明显升高高密度脂蛋白（HDL）水平。紫苏子油对大鼠脂代谢紊乱有预防作用，对兔实验性高脂血症有改善作用。

4.抗微生物作用

在对紫苏进行研究中发现，紫苏热水提取物可在室温长时间放置而不染菌，表明其中含有抗菌成分，紫苏叶蒸馏物有广谱抗菌作用，紫苏油对自然污染的霉菌、酵母菌的抑制力明显优于尼泊金乙酯和苯甲酸，主要有效成分为紫苏醛和柠檬醛，后者的抗菌活性比前者强，两者并有协同作用。体外抗微生物实验也表明，紫苏醛、柠檬醛具有明显抗皮肤真菌作用，紫苏醛与柠檬醛对皮肤丝状真菌生长有协同抑制作用。紫苏在体外对金黄色葡萄球菌、乙型链球菌、白喉杆菌、炭疽杆菌、伤寒杆菌、绿脓杆菌、变形杆菌、肺炎杆菌等有明显抑制作用。紫苏对皮肤癣菌也有明显抑制作用。紫苏在体外对孤儿病毒也有抑制作用。

5.抗肿瘤作用

紫苏醇作为抗癌制剂已得到分离、纯化。试验证明该制剂对胰管癌具有治疗作用，对皮肤癌的生成和病变也具有抑制作用。紫苏醇和柠檬烯可以抑制乳房瘤生长，可以抑制大鼠肝肿瘤细胞生长；紫苏油具有抑制结肠癌和肾癌的作用；β－胡萝卜素和紫苏油可以协同抑制大鼠结肠癌；紫苏油中亚麻酸、亚油酸可以降低结肠黏膜与鸟氨酸脱羧酶的活性而对结肠癌起拮抗作用；紫苏油能明显抑制化学致癌剂二甲基并蒽（DMBA）所致乳腺癌的发病率，减少肿瘤的重量和体积，延长肿瘤出现的时间。

6.降血糖作用

紫苏苷具有抑制醛糖氧化酶的作用，而醛糖氧化酶抑制剂在糖尿病综合症治疗中能起重要作用。

7.对中枢神经的作用

紫苏叶中分离出的紫苏醛具有镇静活性，而且紫苏醛和豆甾醇具有协同作用，可使小鼠睡眠时间延长而显示镇静作用。

8.抗过敏作用

紫苏水提取液可以减轻哑唑酮引起的过敏，苏子油中的α－亚麻酸具有抗过敏活性。

三、紫苏的开发利用

鉴于紫苏所具有的多种营养成分及保健功效，它既是营养丰富的食物，又是疗效良好的中药，因此有着广阔的发展前景。因此综合开发利用紫苏，越来越受到国内外人士的关注。

1.紫苏茎、叶的应用

（1）直接食用。在我国紫苏作为食用历史十分久远。春季可采紫苏嫩茎、叶凉拌、炒食或腌成咸菜。

紫苏开花前的嫩茎叶可作紫苏茶，以红紫苏叶配以青梅和砂糖可制成紫苏梅酒，紫苏鲜茎叶取汁加到甜酒中，可提高风味；也用于烧粥，能健胃解暑。紫苏茎叶也常用作调味剂，腌制腊肉、腊鱼等，或作泡菜和泡菜的香料。在日本，用紫苏叶包上苹果脯，经加工处理可制成降血压的保健食品。我国将紫苏干叶浸提加工后，调配成清凉爽口的功能性饮料。

（2）提取应用。目前，从紫苏叶中已分离出一百多种挥发性成分，其中主要成分为萜类化合物如紫苏醛、柠檬烯、芳樟醇、呋喃酮类衍生物、丁香烯、肉豆蔻醚以及蒎烯、薄荷醇、苯甲醛、丁香油酚等。从紫苏茎叶中蒸馏提取的紫苏精油（含 0.3% ~ 0.7%）已广泛用于各行业。如紫苏精油用于皂用香精及化妆品的加香，同时可将紫苏醛制成一种甜味剂，其甜度是蔗糖的 2000 倍，应用于食品工业。此外，紫苏精油的抑菌、防腐效力明显优于尼泊金乙酯和苯甲酸，而且具有用量小、安全性高等优点，并兼有防腐和提高丰味的双重效果。因此，紫苏精油作为广谱、高效、天然的食品，化妆品及药品的防腐剂，应用将越来越广泛。紫苏中富含多种色素，紫苏所含的紫苏苷是一种天然红色素，近年来常用红色紫苏叶提取天然色素作为食用色素，将紫苏茎叶经过提取处理后，可得到黄色素和红色花青素，它们适用于食品、药品和化妆品等行业。

2.苏子的应用

苏子的出油率约 45%，其脂肪油中含有大量 α－亚麻酸、亚油酸和油酸等人体必需的脂肪酸，是一种理想的食用油。因此，作为新食用油或食用调和油的特种组分，有着十分广阔的前景。另外苏子油是高度不饱和甘油酯，它的油脂加热不熔化，不溶于有机溶剂，其工业用途十分广泛，是制作油布、油纸的防水原料，也是涂料、造漆和制皂行业的优质材料。将紫苏子油中的 α－亚麻酸分离纯化，并制成衍生物，还可以作为化妆品的原料。

以苏子为原料，制得精制紫苏油，经卫生部门检测认定该产品具有降低血浆胆固醇（TC）和血清甘油三酯（TG）水平，显著提高血清高密度脂蛋白胆固醇（HDL）含量的作用，并具有一定的减肥作用。将精制紫苏油通过滴丸机制成紫苏油胶囊，该产品获国家卫生部国产保健食品证书。

目前世界各国都在研制紫苏保健品。美国已将其列入抗癌食品研制计划。日本已将其作为功能性食品原料大力开发，如根据儿童过敏性皮炎和哮喘等疾病发生率高的情况，将紫苏子油适量加入儿童食品如饼干、点心等上市；日本和韩国也已将紫苏油加工成天然保健品推向市场。

综上所述，由于紫苏含有十分丰富的营养和药用成分，故其应用价值极高。在食品、药品等众多领域里都有着广阔的应用前景和开发价值。

第五节　金银花

金银花别名金银藤，为忍冬科植物，是忍冬、华南忍冬、菰腺忍冬及黄褐毛忍冬等的花蕾。忍冬为多年生半常绿缠绕木质藤本，生于山坡疏林、灌木丛、村旁、路边等处，亦有栽培；华南忍冬生于丘陵、山坡、杂丛及平原旷野、路旁或河岸边；菰腺忍冬生于海拔 200 ~ 1500m 的灌丛或疏林中。

金银花是国务院确定的常用名贵中药材之一。早在 2000 多年以前，我们的祖先对其就有一定的认识；公元五世纪，人们开始用其茎叶入药；《神农本草经》将其列为上品并有"久服轻身"，"茎，叶，花，根功能皆同"的记载；《名医别录》记述了它有治疗"暑热身肿"的功能；明朝李时珍以花蕾入药，在《本草纲目》中说它能治"一切风湿气及诸肿毒，疥癣，杨梅诸恶疮，散热解毒"，称其既是"治风除胀，解痢逐尸"之良药，又为"消肿散毒，治疮之良剂”，并做出了忍冬，茎叶及花功用皆同，久服轻身长寿的结论。

金银花自古被誉为清热解毒的良药。它性甘寒气芳香，甘寒清热而不伤胃，芳香透达又可祛邪。既能宣散风热，还善清解血毒，用于各种热性病，如身热，发疹，发斑，热毒疮痈，咽喉肿痛等证，均效果显著。

一、金银花的化学成分

据化验分析，金银花的茎，叶，花中主要成分为绿原酸，绿原酸在临床上具有抗菌消炎的作用。另外，花中含有肌醇，皂苷，挥发油，黄酮等；叶中含有鞣质，忍冬苷，番木鳖苷，紫丁香苷和忍冬黄素等；茎和茎皮含有木犀草黄素，皂苷和纤维素等；果实中含有还原糖。现代医学研究证明，金银花对于溶血性链球菌、金黄葡萄球菌、伤寒杆菌、痢疾杆菌、大肠及绿脓杆菌、肺炎双球菌、百日咳杆菌、脑膜炎球菌等，都有较强的抑菌力，对治疗流行性感冒和炎症均有一定疗效。

金银花化学成分研究表明，其花中主要含挥发油、黄酮类、三萜类、有机酸、醇类、微量元素等。

1.挥发油

金银花目前鉴定出的挥发油化学成分多达近 70 种，产地及干、鲜花不同，金银花中化学成分略有差异，但主要化学成分为棕榈酸。其他化学成分为醇、醛、酯、酮、烷、烯、炔等有机化合物。

2.黄酮类

金银花中目前鉴定出的黄酮类化合物为木犀草素、木犀草素

–3–0–α–D–葡萄糖苷、木犀草素–7–0–β–D–半乳糖苷、槲皮素–7–0–β–D–葡萄糖苷、金丝桃苷、5–羟基–3，4，7–三甲氧基黄酮及5–羟基–3，4，7–四甲氧基黄酮。

3.有机酸类

金银花中目前鉴定出的有机酸类主要包括绿原酸和异绿原酸、咖啡酸和3，5–二咖啡酰奎尼酸。前三者是金银花的主要活性成分。异绿原酸是一混合物，咖啡酸是绿原酸的水解产物。

4.三萜类及醇类

金银花中三萜类化合物目前已鉴定出6种，金银花中目前鉴定出的醇类（挥发油中除外）主要包括：β–谷甾醇、肌醇、二十九烷醇等。

5.微量元素

金银花中目前鉴定14种微量元素：Fe、Mn、Cu、Zn、Ti、Sr、Mo、Ba、Cr、Pb、V、Co、Li、Ni。

二、金银花的功效

（1）抗菌及抗病毒。即对金黄色葡萄球菌、溶血性链球菌、痢疾、伤寒、脑膜炎双球菌、肺炎双球菌、绿脓以及流感病毒等都有明显抑制作用。

（2）有增强免疫的功能。金银花能促进淋巴细胞转化，增强白细胞的吞噬功能。

（3）抗炎、解热。金银花能促进肾上腺皮质激素的释放，对炎症有明显抑制作用。

金银花饮片大致可分为生药、炒药、炭药3种。这3种制品的性味和功效有差别，在应用上也各有擅长。

金银花生药是把鲜品金银花经过日晒、阴干或烘烤等方法而获得的干品，也指鲜品金银花。生药味甘微苦，性寒，善清解上焦和肌表之毒邪。可用于温病初期，常与连翘、薄荷、淡豆豉、荆芥等同用，以加强疏散清热之力。主要用于温病初起发热，微恶风寒，口微渴者，代表方如“银翘散”。还可用于痈疽疖毒，金银花自古有“疡科 之圣药”之称，常与蒲公英、紫花地丁、野菊花等合用，能增强解毒消肿作用。对于痈疽疖毒，红肿疼痛，无论溃脓还是未溃脓者,使用金银花（用量宜重）均能起到极佳效果。代表方有“五味消毒饮”等。

三、金银花现代药理研究

1.广谱抗菌及抗病毒作用

金银花对多种致病菌均有一定的抑制作用，包括金黄色葡萄球菌、溶血性链球菌、大肠杆菌、痢疾杆菌、霍乱弧菌、伤寒杆菌、副伤寒杆菌，对肺炎球菌、脑膜炎双球菌、绿脓杆菌、结核杆菌亦有效。水浸剂比煎剂作用强，金银花对致病的变形链球菌、放线粘杆菌和引起牙周病的产黑色素类杆菌、牙眼类杆菌及伴放线嗜血菌亦显示了较强的抗菌活性。体外有一定的抗钩端螺旋体作用，对皮肤真菌亦有作用。1：20 的水煎剂对流感病毒、疮疹病毒有效，具有细胞外抑制柯萨奇病毒、埃可病毒作用，可用于病毒性心肌炎的治疗等。对革兰氏阴性细菌内毒素也有很强的拮抗作用。

关于金银花抑菌有效成分一般认为是绿原酸类化合物，但也有资料显示，除绿原酸外还有其他抑菌成分存在。金银花水煎剂在细胞外对柯萨奇病毒及埃柯病毒也有明显的抑制作用。另外，金银花还有一定的抗猴免疫缺陷病毒（SIV）的作用，对抗艾滋病病毒

（HIV）亦显示中等活性。

2.抗炎及解热作用

对金银花解热、抗炎、免疫等试验研究结果表明，其水煮液、口服液和注射液对角叉菜胶，三联菌苗致热有不同程度的退热作用，对蛋清、角叉菜胶、二甲苯所致水肿有不同程度的抑制作用，还能明显提高小鼠腹腔巨噬细胞吞噬巨红细胞的吞噬百分率和吞噬指数，从而证明临床作为清热解毒、治疗感染性疾病主要是通过调节机体免疫功能而实现的。

3.利胆保肝作用

金银花所含多种绿原酸类化合物具有显著的利胆作用，可以增进大鼠胆汁分泌，黄褐毛忍冬总皂苷中α－常春藤皂苷和无患子皂苷 B 有显著的保肝作用。

4.降血脂作用

金银花能显著降低多种模型小鼠血清胆固醇（Tc）及动脉粥样硬化指数，提高高密度脂蛋白胆固醇（HDL）含量，保护胰腺β细胞及弱降糖作用。

5.对免疫系统的作用

金银花具有促进白细胞的吞噬功能，促进炎性细胞吞噬功能，降低豚鼠细胞醋酸萘酯酶（ANAE）百分率，降低中性粒细胞（PMN）体外分泌功能，恢复巨噬细胞功能，调理淋巴细胞功能，显著增加白细胞介素（IL－2）的产生等作用。

6.抗生育作用

袁毅君等报道了金银花抗生育作用的研究，结果表明：金银花乙醇提取后之水煎液浸膏，对小鼠、狗、猴等多种动物有明显的终止妊娠作用，尤其对小鼠、狗有显著的抗早孕作用，并观察了金银花提取物对妊娠小、大鼠不同孕期的影响，探讨了其抗早孕作用的机理。

7.中枢神经系统兴奋作用

金银花所含绿原酸可引起大鼠、小鼠中枢神经系统兴奋，强度可达咖啡因的 1/6。

8.止血作用

金银花水煎液具有显著的止血作用。金银花炭中鞣质的含量仅为生品的 1/2，但其止血作用却明显优于生品，从而提示鞣质并非金银花炭止血作用的唯一物质基础。

9.抗氧化作用

金银花水提物在体外对 H_2O_2 具有直接的清除作用。另外金银花对烫伤小鼠中性粒细胞释放过氧化氢有一定程度的改善作用，能使烫伤小鼠中性粒细胞合成和释放溶酶体酶的能力相应减少，说明其具有抗氧化反应的作用。

10.其他作用

口服大剂量绿原酸能增加胃肠蠕动，促进胃液及胆汁分泌。还能轻微增加肾上腺素及去甲肾上腺素对猫和大鼠的升压作用。绿原酸还具有致敏原作用，可引起变态反应，但口服无此反应，因绿原酸可被小肠分泌物转化成无致敏活性的物质。另有实验证明金银花有溶血作用。

四、金银花保健品的开发利用

金银花系常用名贵中药材之一。具有清热解毒，通经活络，广谱抗菌及抗病毒等功效，70% 以上的感冒、消炎中成药中都含有金银花。具有“中药抗生素”，“绿色抗菌素”之称。

金银花的作用除药用外，其美容，减肥和保健养生的作用更为神奇，对身体所起到的巨大保护和修复作用是十分显著的。金银花的功效具有解暑、醒酒、清脑、解渴、清除体内有毒物质、降脂、减肥、美容洁肤、预防衰老、延年益寿的效用。

金银花是一种无毒性的药用植物，随着国际市场的开放和种植的规范化，金银花及其保健制品的需求量很可能增加。市场上常见的用金银花为原料生产的保健产品有：忍冬酒、银花茶、忍冬可乐、金银花汽水、银花糖果和银仙牙膏等。金银花茶具有健脑明目、防暑降温作用；山东鲁南制药厂生产的银黄口服液有清热解毒、消炎之功效；用金银花制成的金银露，清凉爽口，是夏季清热解暑的好饮料；以它为主要原料的银仙牙膏，防治口腔疾病也有较好效果。这些产品除供应国内外，优质品还远销国外。

金银花及嫩叶可泡茶饮用，有祛暑解毒之功，是夏季理想的保健饮料。金银花茶是一种新兴的保健茶，其茶汤芳香，甘凉可口，畅销国内外市场，常饮此茶，有清热解毒、通经活络、护肤美容之功效。其有效成分是绿原酸和异绿原酸，可以清热解毒，还有增强免疫力，抗疲劳的功效。市场上的金银花茶有两种：一种是取鲜金银花与少量绿茶拼和，按花茶的制作工艺制作而成的金银花茶；另一种是用烘干或晒干的金银花干与绿茶拼和而成。这两种金银花茶前者花香重，以品尝其花为主；后者，茶香味较低，但可保持金银花的药效作用，不失其保健效果。金银花茶是老少皆宜的保健饮料，特别是夏天饮用更为适宜。

金银花露是儿童夏天防治痱子脓疮的佳品。金银花带清香，含花蜜较多，所以农村儿童常采花朵吸食蜜汁。鲜花经晒干或按制绿茶的方法制干即为金银花的成品。

现代医学理论认为，人体衰老与细胞物质氧化有关。而金银花及其茎叶所含的绿原酸能抗物质氧化，特别是绿原酸的生物活性，能促进人体新陈代谢，调节人体各部功能的平衡，使体内失去功能的“器官”起死回生，老化的“零件”恢复机能，起到人体“内在”的保健作用。

金银花具有保健价值和药用价值，主要用途——清热解毒，清心明目，延年益寿，具有很好的保健作用。目前开发的银麦啤酒、金银花香皂、金银花香水、忍冬花牙膏、银花饮料、银花化妆品、金银花保健茶、香料制品深受人民欢迎。在医药方面用途广泛，因绿原酸是抗菌消炎的主要成分，是金银花成为有名的广谱药材重要因素，像银黄口服液、脉络宁注射液、清开灵注射液、双黄连口服液，其主要成分是金银花。随着人们保健意识的增强，金银花需求量将越来越大，因此，发展金银花具有广阔的前景。

金银花冲以代茶，闻之气味芬芳，饮之心清肺爽，且能防暑降温，是配件清凉饮料的佳品，金银花露、忍冬花牙膏、金银花药物、金银花香烟相继问世；尤其是东南亚国家，把金银花视为珍宝。日本人还把金银花作为礼品馈赠亲朋好友，象征吉祥和赠金送银。美国、日本、罗马尼亚、澳大利亚等国家客商也多次来中国考察金银花。各国争相购货，出口换汇率很高，社会需求量大，市场紧俏，中国加入 WTO 后，国际市场更加看好。所以发展金银花，利国富民，前景广阔。

第六章 野生食用植物功能性食品开发

随着经济的高速发展和人民生活水平的提高，二十一世纪成为人类追求健康、寻求幸福生活的世纪，在这个大的背景下应运而生的健康、营养产业面临着前所未有的机遇。中国健康产业市场上蕴藏着无限的商机。我国是一个 13 亿人口的大国，改善居民食物结构，确保食物安全，不但有利于国家长治久安，人民安居乐业，而且有利于民族身体健康，生活幸福。珍贵的野生食用植物资源是上帝赋予人类的食品资源，应用食品科学最新技术工艺，利用野生食用植物资源开发功能性食品、保健食品等新产品是学者研究的新方向、新热点。

我国地域广阔，自然环境比较复杂，有着丰富的野生植物资源。野生食用植物既是重要的生态资源，又是重要的物质资源。按照“加强资源保护、合理开发利用”保护方针，努力实现相关产业的可持续发展是我们努力的方向。

一、功能性油脂植物

植物的根、茎、叶、花、果都可能含有油脂，但不同的部位含量不一，果实和种子的贮藏量最多。我国有多种油脂植物具有很大的开发潜力，为发掘新的油脂资源，特别是功能性油脂资源显示出广阔的发展前景，当前最能引起重视的就是具有特定的生理活性物质组成的油脂植物，中国最主要的油脂植物有：红松、偃松、香榧、竹柏、华山松、核桃楸、榛、檀梨、木瓜、花椒、臭椿、文冠果、油茶、榄仁树、紫荆木、油橄揽、胡麻、油渣果、红花、油棕、月见草、蓖麻、麻枫树、香薷、扁核木、沙棘、鼠李等植物。这些植物可广泛应用于工业、医药、保健品等领域中。中国含油脂10% 以上的野生植物有近 1000 种。其中主要的食用油脂植物约有 50 多种，以豆科、菊科、山茶科、十字花科、芸香科、胡桃科、桦木科等科的植物居多。

二、香料植物资源

天然精油（芳香油）是芳香植物的根、茎、枝、干、叶或花经水蒸气蒸馏或有机溶剂萃取后所得的挥发性油状液体。有些精油香气好，可以直接用于调配香精。大多数精油含有一些主要成分，可用物理和化学方法分离、提纯，制成单离香料，也可用以进一步合成价值更高的产品。

香料植物绝大多数都具有挥发性，以萜烯类化合物为主，并带有令人愉快的气味，可用于食品调配、饮料调配以及化妆品工业的基础原料。提纯后可获得高品味的名贵香料，价值十分可观。比较具有开发价值的香料植物有：薄荷、藿香、天女木兰、香杨、铃兰、暴马丁香、兴安杜鹃、杜香、玫瑰、黄花蒿等香料制品。

我国是世界上天然精油生产和出口大国，年产量 1.5 ~ 2 万 t，约为世界产量的 1/3。其中木本天然精油约占一半，主要有：桉叶油，年产量约在 3000t，占世界桉叶油产量的 2/3；山苍子油，年产量约 2000t，出口约 1500t；肉桂油，年产 500 ~ 600t；柏木油 800 ~ 1000t；樟油 500 ~ 1000t；茴油 500 ~ 800t。

上述精油的深加工，主要是从精油中分离其主要成分，提高其纯度。如从桉叶油中提取桉油素、山苍子油中提取柠檬酸，肉桂油提取肉桂醛，柏木油提取柏木脑、柏木酮，樟油中提取天然樟脑、芳樟醇，茴油中提取茴脑等等。

从目前加工情况来看，由于资源分散，原油大都在林区就地蒸馏，然后提供给香料厂或出口。从当前来看，天然精油销售和消费主要在北美、西欧和日本等经济发达国家，一些大型香料公司，如美国国际香料公司（IFF），瑞士奇华顿公司（Givaudan-Roure），日本高砂国际香料公司等都集中在这些国家。我国主要集中在上海、天津、广东等省市，近年来又建立了一批合资香料公司。随着我国经济的发展，对天然精油的需求将日益增加。

三、色素植物资源的开发

在我国已投入生产的有越桔红素、玫瑰茄红色素、甜菜红色素、β-胡萝卜素、叶绿素铜钠等，其中越桔红素与β-胡萝卜素远销国外。在我国东北有十分丰富的色素植物资源，如含大量花色苷红色素的越桔、蓝靛果忍冬、笃斯越桔、山葡萄、茜草、甜菜、紫草，含有β-胡萝卜素的万寿菊及含黄色素的大金鸡菊等。

四、饮品植物的开发

随着人民生活水平的提高，饮料的需求量愈来愈大，使得近几年饮料工业以年均增长30%的速度发展，饮料的年总产量超过400万t。近几年特种饮料和保健饮料从无到有，发展速度十分强劲。饮料的大力发展，迫切需要更多饮料植物，因此饮料植物资源的开发利用就显得日益重要。目前打入市场的饮料中，所使用原料大多为陆地栽培植物，如汇源果汁、茹梦、新的、大湖、亮点、都乐、劲霸、中健等等，没有一个使用野生植物。饮品植物资源丰富、种类繁多、风味独特、口感怡人。大致可分为四大类：花类饮品植物，如玫瑰花、金莲花、椴树花粉、杂花粉；果类饮品植物。如樱桃、山刺玫、山荆子、草莓、树莓、蓝锭果忍冬、越桔、笃斯越桔、沙棘、山杏、山葡萄、葛枣子猕猴桃、园枣猕猴桃；叶类饮品植物，如甜叶菊可做为低热量甜味剂；根、茎类饮品植物，如黄芪、人参、黄精、党参。

五、淀粉植物资源的开发

我国的很多野生淀粉植物，所产淀粉性能远远超过马铃薯及玉米淀粉，很多淀粉植物在国际上受到很高重视。如蒙古栎所产的橡子淀粉含量达 50% ~ 70%，在日本作为重要的化工原料，每年从我国大量进口。除此以外我国的淀粉植物还有蕨菜（根中含淀粉 40% 以上），串地龙、慈菇、百合等，这些植物除了含有大量淀粉外，还含有大量功能性成分，如皂苷、多糖、黄酮等。

六、山野菜植物资源的开发

山野菜是重要的可食性植物资源，在我国林区山野菜种类多、数量大、再生能力强，而且大多数有较高的营养价值、医疗功效和保健功能。随着人们保健意识的增强，绿色食品倍受青睐，如北京、上海、天津、广州、深圳等城市兴起山野菜热，对山野菜的需求与日俱增。东北林区现有山野菜种类有：萎陵菜、酸模叶蓼、小根蒜、黄花菜、紫花地丁、东风菜、沙参等。

七、药用植物资源的开发

天然植物药的应用已有悠久的历史，20 世纪下半叶由于化学合成药的发展，已大部分取代了植物药。但是仍有相当一部分，由于难以化学合成而仍采用天然化合物。近年来，国际上对植物药的兴趣有所增长，据统计，目前美国和欧共体的处方药中约有25%来源自植物制品。随着科学技术的进步，尤其是各种层析分离技术和波谱分析技术及药效筛选技术的发展，发达国家普遍重视从药用植物中筛选有效的成分，提取分离和制备新药和保健品，特别是对治疗癌症，HIV 和心血管疾病的新药十分关注。美国国立癌症研究所（NCI）从 1957 年起实施植物提取物的抗癌活性评价工作，至今已有3万多种植物、10 万多种提取物被评价。紫杉醇的开发成功就是一例，其他如喜树碱及其半合成制品、三尖杉碱、美登素、银杏叶提取物等均来自木本植物。目前国际上一些大制药公司也已投入资金进行植物药筛选工作，如默克和哥斯达黎加达成协议，一期投入100 万美元，用于该国植物有效成分分离筛选工作，同样的研究在阿根廷、秘鲁、喀麦隆、智利、墨西哥、尼日利亚等国进行。

目前对森林药用植物利用主要有以下几种途径：

从森林植物中提取、分离和制备单一有效成分。如从红豆杉树皮和叶中制备抗癌药物紫杉醇，从喜树果和皮中提取喜树碱。

从森林植物中提取制备具有一定有效成分含量的标准提取物。如从银杏叶中制备的含 24% 黄酮苷和 6% 银杏内酯的银杏叶提取物，用以治疗脑血管疾病。

从森林植物中提取分离某一化合物，用以半合成有效化合物。如从欧洲红豆杉叶中提取 10- 去乙酰巴卡亭以合成紫杉醇。

我国森林植物资源丰富，并有传统中草药应用经验。我国目前年出口药用植物约 4 亿美元，但我国在药用植物筛选方面投入与国外相比较少，新药开发较慢，另外在林产加工、医药、贸易各方面结合也不够。一些新有效成分的发现和开发往往造成资源的破坏或供应不足。目前就林业系统来说，主要从事资源栽培，高有效成分含量的品种筛选及提取物加工。

综合来说，我国野生食用植物资源很丰富，怎样开发，怎样融入高科技，还需要进一步的探讨。比如刺梨的开发，可以进行中医药方面的成分分析，开发食用、药用价值。比如苦丁茶如何科学加工，既保留有效成分，又有好的口味。比如天麻，可以开发各种制剂，打出品牌。

发展野生食用植物营养健康产业要考虑当地传统产品，挖掘传统特色加工技术，走向工业化生产，提高产品附加值。同时要发掘资源的优势，优化质量，提高品质，打造知名品牌，只有这样才能在市场竞争中立于不败之地。

参考文献

[1] 高愿君，姚连芳，赵良. 中国野生植物的开发与加工利用 [M]. 北京：中国轻工业出版社，1997.

[2] 戴宝合. 野生植物资源学 [M]. 北京：农业出版社，1993.

[3] 刘胜祥. 植物资源学 [M]. 武汉：武汉出版社，1992.

[4] 樟棋. 野生植物的鉴别采集与利用 [M]. 北京：轻工业出版社，1960.

[5] 王宗训. 中国资源植物利用手册 [M]. 北京：中国科学技术出版社，1989.

[6] 高愿君等. 食用菌深加工新技术 [M]. 成都：四川科学技术出版社，1992.

[7] 郑友君等. 新兴食品加工实用手册 [M]. 北京：中国农业科技出版社，1990.

[8] 朱立新. 中国野菜开发与利用 [M]. 北京：金盾出版社，1996.

[9] 刘新琼，杨玲等. 野菜的开发与栽培 [M]. 武汉：湖北科学技术出版社，2001.

[10] 叶强. 中国食疗本草新编 [M]. 广州：广东高等教育出版社，1999.

[11] 王者悦. 中国药膳大辞典（修订版）[M]. 大连：大连出版社，2002.

[12] 金东梅，东惠茹. 绿色食品—野菜 [M]. 北京：化学工业出版社，2002.

[13] 张国宝，隋秀霞，王淑英等. 野菜栽培与利用 [M]. 北京：金盾出版社，2002.

[14] 戴宝合. 野生植物资源学 [M]. 北京：中国农业出版社，2005.

[15] 马莺等. 野生食用植物资源加工技术 [M]. 北京：中国轻工业出版社，2009.

[16] 谢碧霞，张美琼. 野生植物资源开发与利用学 [M]. 北京：中国林业出版社，2009.